U0221513

潘德寿 刘宝权 黄勇 主编

安吉野生动物资源调查研究

浙江大学出版社
ZHEJIANG UNIVERSITY PRESS

图书在版编目(CIP)数据

安吉野生动物资源调查研究/潘德寿,刘宝权,黄
勇主编.—杭州:浙江大学出版社,2023.6
ISBN 978-7-308-23772-7

Ⅰ.①安… Ⅱ.①潘… ②刘… ③黄… Ⅲ.①野生动
物－动物资源－资源调查－调查研究－安吉县 Ⅳ.
①Q958.525.54

中国国家版本馆 CIP 数据核字(2023)第 084280 号

安吉野生动物资源调查研究

潘德寿　刘宝权　黄　勇　主编

责任编辑	季　峥(really@zju.edu.cn)	
责任校对	王　晴	
封面设计	十木米	
出版发行	浙江大学出版社	
	(杭州市天目山路 148 号　邮政编码 310007)	
	(网址:http://www.zjupress.com)	
排　　版	杭州星云光电图文制作有限公司	
印　　刷	浙江海虹彩色印务有限公司	
开　　本	787mm×1092mm　1/16	
印　　张	14.75	
字　　数	323 千	
版 印 次	2023 年 6 月第 1 版　2023 年 6 月第 1 次印刷	
书　　号	ISBN 978-7-308-23772-7	
定　　价	268.00 元	

审图号:浙湖 S(2022)8 号

 **生态环境**

山地森林

库塘湿地

山地溪流

库塘湿地

候鸟栖息生境

中华鬣羚 *Capricornis milneedwardsii*

梅花鹿 *Cervus pseudaxis*

小麂 *Muntiacus reevesi*

黑麂 *Muntiacus crinifrons*

豹猫 *Prionailurus bengalensis*

果子狸 *Paguma larvata*

野猪 *Sus scrofa*

中国豪猪 *Hystrix hodgsoni*

猪獾 *Arctonyx collaris*

狗獾 *Meles leucurus*

食蟹獴 *Herpestes urva*

鼬獾 *Melogale moschata*

猕猴 *Macaca mulatta*

黄腹鼬 *Mustela kathiah*

貉 *Nyctereutes procyonoides*

黄鼬 *Mustela sibirica*

东北刺猬 *Erinaceus amurensis*

华南兔 *Lepus sinensis*

鹗 *Pandion haliaetus*

黑鸢 *Milvus migrans*

凤头鹰 *Accipiter trivirgatus*

雕鸮 *Bubo bubo*

斑头鸺鹠 *Glaucidium cuculoides*

日本鹰鸮 *Ninox japonica*

灰鹤 *Grus grus*

白琵鹭 *Platalea leucorodia*

东方白鹳 *Ciconia boyciana*

中华秋沙鸭 *Mergus squamatus*

白鹇 *Lophura nycthemera*

白颈长尾雉 *Syrmaticus ellioti*

赤麻鸭 *Tadorna ferruginea*

白额雁 *Anser albifrons*

小白额雁 *Anser erythropus*

斑嘴鸭 *Anas zonorhyncha*

绿翅鸭 *Anas crecca*

鸳鸯 *Aix galericulata*

白鹭 *Egretta garzetta*

夜鹭 *Nycticorax nycticorax*

池鹭 *Ardeola bacchus*

牛背鹭 *Bubulcus ibis*

苍鹭 *Ardea cinerea*

大白鹭 *Ardea alba*

白眉姬鹟 *Ficedula zanthopygia*

灰喉山椒鸟 *Pericrocotus solaris*

淡绿鵙鹛 *Pteruthius xanthochlorus*

红嘴相思鸟 *Leiothrix lutea*

栗头鹟莺 *Seicercus castaniceps*

短尾鸦雀 *Neosuthora davidiana*

黑领噪鹛 *Garrulax pectoralis*

凤头鹀 *Melophus lathami*

灰背燕尾 *Enicurus schistaceus*

红尾水鸲 *Rhyacornis fuliginosa*

大山雀 *Parus cinereus*

棕脸鹟莺 *Abroscopus albogularis*

北草蜥 *Takydromus septentrionalis*

铅山壁虎 *Gekko hokouensis*

蓝尾石龙子 *Plestiodon elegans*

脆蛇蜥 *Dopasia harti*

乌龟 *Mauremys reevesii*

中华鳖 *Pelodiscus sinensis*

福建竹叶青蛇 *Viridovipera stejnegeri*

灰腹绿锦蛇 *Gonyosoma frenatum*

玉斑锦蛇 *Euprepiophis mandarinus*

尖吻蝮 *Deinagkistrodon acutus*

颈棱蛇 *Pseudoagkistrodon rudis*

草腹链蛇 *Amphiesma stolatum*

安吉小鲵 *Hynobius amjiensis*　　中国瘰螈 *Paramesotriton chinensis*

中国雨蛙 *Hyla chinensis*　　武夷湍蛙 *Amolops wuyiensis*

天目臭蛙 *Odorrana tianmuii*　　大绿臭蛙 *Odorrana graminea*

凹耳臭蛙 *Odorrana tormota* 　　　　　　阔褶水蛙 *Hylarana latouchii*

布氏泛树蛙 *Polypedates braueri* 　　　　　　大树蛙 *Zhangixalus dennysi*

泽陆蛙 *Fejervarya multistriata* 　　　　　　金线侧褶蛙 *Pelophylax plancyi*

达氏鲌 *Culter dabryi*　　　　　赤眼鳟 *Squaliobarbus curriculus*

中华花鳅 *Cobitis sinensis*　　　密点吻虾虎鱼 *Rhinogobius multimaculatus*

鲫 *Carassius auratus*　　　　翘嘴鲌 *Culter alburnus*

麦穗鱼 *Pseudorasbora parva*

棒花鱼 *Abbottina rivularis*

雀斑吻虾虎鱼 *Rhinogobius lentiginis*

宽鳍鱲 *Zacco platypus*

翘嘴鳜 *Siniperca chuatsi*

中华鳑鲏 *Rhodeus sinensis*

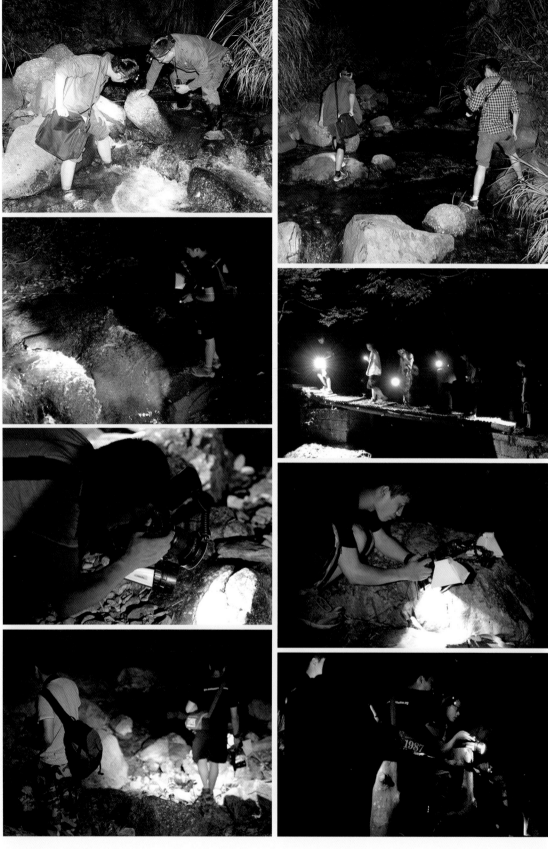

编辑委员会名单

主　　任：盛　强

副 主 任：杨中军　胡可易

主　　编：潘德寿　刘宝权　黄　勇

副 主 编：何　莹　张芬耀　李国庆　朗泽东

编　　委（按姓氏笔画排名）：

王聿凡　刘　勇　刘小云　刘凯悟　刘宝权

刘富国　许济南　李国庆　吴丞昊　吴雪玲

何　莹　汪贤挺　张芬耀　张圆圆　张培林

陈　锋　陈俊伟　陈碧芽　金　伟　周　晓

周佳俊　郎泽东　俞立鹏　唐升君　黄　勇

黄云峰　葛宏立　温超然　谢文远　潘德寿

摄　　影：王旭雄　胡忠於　周佳俊　张芬耀　温超然

朗泽东　徐济南　王聿凡　刘宝权　金　黎

吴丞昊　徐　科

主编单位：安吉县林业局

浙江省森林资源监测中心

序

　　野生动物资源是自然界的珍贵财富，也是人类社会可持续发展的重要组成部分。开展县级野生动物资源本底调查，对于推进县域生态文明建设和生物多样性保护具有重要意义。

　　安吉县是"绿水青山就是金山银山"理念的诞生地，是浙江省首个开展县级野生动物资源本底调查的试点县。安吉县林业局、浙江省森林资源监测中心通过三年多持续的野外调查，综合采用红外相机、遥感技术等多种调查方法和技术手段，全面、系统、科学地查清了安吉县野生动物资源家底，并评估了当地野生动物保护成效，为安吉县动物资源保护决策提供了重要科学支撑。此外，本次调查还探索了满足县级精度需要的调查模式和方法，在技术方法和实践上实现了创新性突破，为浙江省后续全面开展县级野生动物资源本底调查提供了经验。

　　《安吉野生动物资源调查研究》凝聚了省、市、县三级动物调查者和研究者的多年心血，记录了野生脊椎动物 38 目 126 科 472 种，含安吉县县级新分布记录 91 种，其中包括湖州市市级新分布记录 29 种。本书为读者提供了准确的信息和数据，希望能在当地野生动物研究、教学、科学普及、生物多样性保护等多领域发挥重要作用，助力当地动物资源保护和监测水平的提升，并进一步增强公众热爱野生动物、保护野生动物的意识，为建设人与自然和谐共生的美丽中国做出贡献。

（中国科学院成都生物研究所

副所长、研究员、博士生导师）

2022 年 9 月

前　言

开展野生动物资源调查是相关法律法规赋予各级人民政府的法定义务,是制定野生动物资源保护对策、评价野生动物保护成效的重要依据。随着生态文明建设的推进,依法依规保护与管理野生动物资源越来越受到重视。各类与生物多样性相关规划的编制、生态环境保护成效的评价等都需要以野生动物资源本底数据作为基础。但是,截至 2018 年底,浙江省未开展过县级野生动物资源本底调查。如何尽快启动县级野生动物资源本底调查,获取资源底数、多样性特点、栖息地状况、多年变化规律等成为迫切需求。

安吉县作为"绿水青山就是金山银山"理念的发源地,以敢为人先的首创精神率先申请作为浙江省"县级野生动物资源本底调查试点";2017 年 9 月浙江省林业局复函(浙林办便〔2017〕347 号),同意安吉县作为全省试点开展相关工作。2018 年 8 月,安吉县林业局与浙江省森林资源监测中心正式启动安吉县野生动物资源本底调查这一项开创性工作。此项目受到了浙江省林业局、安吉县人民政府的高度重视。为确保试点工作的科学性和可操作性,项目组深入研究了林业、环保等部门与生物多样性调查相关的技术规程,综合了浙江省第一、第二次野生动物资源调查成果,以及省内各级各类自然保护区历年的生物多样性科考成果等,结合野外试验性调查,编制了《浙江省县级野生动物资源调查试点——安吉县野生动物资源调查与评价技术方案》,邀请行业专家进行指导,并不断修改完善,以确保该试点方案确定的调查体系、选用方法、数据处理、统计分析、质量控制等内容科学合理,可操作性强,为实现调查成果的准确性和可靠性提供保障。

随后,安吉县通过三年多的野外调查获取了第一手珍贵的调查数据,并综合最新文献、历史资料对县域动物资源进行了系统的研究与总结,在调查方法和实践上进行较好的创新与尝试,掌握了安吉县野生动物的种类、数量、分布和栖息地状况,圆满完成了既定任务,并将此次成果汇编成《安吉野生动物资源调查研究》一书。本书系统介绍了县级单位如何开展动物资源本底调查、研究与评价的方法,同时完整呈现了安吉县动物资源的本底数据。本书共记载安吉县野生脊椎动物 472 种,隶属 38 目 126 科,占全省野生脊椎动物总种数的 48%,其中,原生鱼类 7 目 17 科 74 种,两栖类 2 目 9 科 27 种,爬行类 3 目 16 科 48 种,鸟类 18 目 63 科 256 种,兽类 8 目 21 科 67 种。安吉县珍稀濒危物种众多,有国家级重点保护野生动物 72 种,其中,国家一级重点保护野生动物有梅花鹿、黑麂、穿山甲、小灵猫、中华秋沙鸭、白颈长尾雉、东方白鹳、扬子鳄、安吉小鲵等 12 种,国家二级重点保护野生动物有猕猴、中华鬣羚、豹猫、灰鹤、小天鹅、白琵鹭、鸿雁、鸳鸯、蛇雕、林雕、鹰雕、黄嘴角鸮、雕鸮、白胸翡翠、黑冠鹃隼、赤腹鹰、平胸龟、黄缘闭壳龟等 60 种;《中国生物多样性红色名录——脊椎动物卷》易危(VU)及以上物种 43 种,其中,极危(CR)7 种,濒危(EN)14 种,易危(VU)22 种;《世界自然保护联盟濒危物种红色名录》易危(VU)及以上物种 25 种,其中,极危(CR)3 种,濒危(EN)7 种,易危(VU)15 种。本书还记载了大量安吉县野生动物新分布记录,共计 91 种,其中,两栖类 3 种,爬行类 9 种,鸟类 70 种,兽类 9 种,新增数量占安吉县两栖类、爬行类、鸟类、兽类物种总数(398 种)的 23%,且属于湖州地区首次发现的有 29 种。这有助于我们更全面地了解当地生态系统的多样性和生物地理学,从而更好地保护生物多样性。

安吉县的此次试点工作不仅摸清了本行政区域内的野生动物种类、数量、分布和栖息地状况,对野生动物和栖息地的受胁因素进行科学评估,提出保护对策,而且探索了符合县级精度要求的调查模式和方法,为浙江省全面铺开县级野生动物资源调查提供示范模板。本书的出版将对安吉县乃至浙江省的野生动物保护与管理、科学研究、科普教育等发挥重要作用,成为浙江省动物资源调查研究领域的重要事件。

由于安吉县野生动物本底资源调查具有开创性特点,其中一些调查方法和数据处理技术属于探索性质,许多工作有待进一步完善,加之该地区历史资料有限,书中难免有疏虞之处,敬请指正。

编　者

2022 年 7 月

目　录

第1章　安吉县基本情况 ·· （1）

　　1.1　自然地理 ·· （1）

　　1.2　自然资源 ·· （2）

　　1.3　社会经济 ·· （3）

第2章　调查研究方法 ·· （5）

　　2.1　调查目的和任务 ·· （5）

　　2.2　调查研究对象和内容 ·· （5）

　　2.3　调查研究原则 ·· （6）

　　2.4　技术路线 ·· （6）

　　2.5　调查区划与抽样 ·· （7）

　　2.6　种群数量调查 ·· （9）

　　2.7　物种鉴定、标本采集及影像凭证 ··································· （11）

　　2.8　珍稀濒危物种及中国特有种确定依据 ······························ （11）

　　2.9　数据处理及分析统计 ··· （12）

第3章　鱼类资源 ··· （16）

　　3.1　调查路线和时间 ··· （16）

　　3.2　调查方法和物种鉴定 ··· （16）

　　3.3　物种多样性 ··· （17）

　　3.4　生态类型 ··· （21）

　　3.5　珍稀濒危及中国特有种 ··· （24）

第4章　两栖类资源 ··· （32）

　　4.1　调查路线和时间 ··· （32）

　　4.2　调查方法和物种鉴定 ··· （32）

　　4.3　物种多样性 ··· （33）

　　4.4　生态类型和优势种 ··· （36）

4.5　区系和分布特征 ……………………………………………………（ 37 ）

4.6　珍稀濒危及中国特有种 ……………………………………………（ 38 ）

第 5 章　爬行类资源 …………………………………………………………（ 41 ）

5.1　调查路线和时间 ……………………………………………………（ 41 ）

5.2　调查方法和物种鉴定 ………………………………………………（ 41 ）

5.3　物种多样性 …………………………………………………………（ 41 ）

5.4　生态类型和优势种 …………………………………………………（ 46 ）

5.5　区系和分布特征 ……………………………………………………（ 48 ）

5.6　珍稀濒危及中国特有种 ……………………………………………（ 48 ）

第 6 章　鸟类资源 …………………………………………………………（ 57 ）

6.1　调查路线和时间 ……………………………………………………（ 57 ）

6.2　调查方法和物种鉴定 ………………………………………………（ 57 ）

6.3　物种多样性 …………………………………………………………（ 59 ）

6.4　居留类型与区系特征 ………………………………………………（ 71 ）

6.5　优势种与分布生境 …………………………………………………（ 72 ）

6.6　季节变化与鸟类分布组成 …………………………………………（ 82 ）

6.7　珍稀濒危及中国特有种 ……………………………………………（ 86 ）

第 7 章　兽类资源 …………………………………………………………（114）

7.1　调查路线和时间 ……………………………………………………（114）

7.2　调查方法和物种鉴定 ………………………………………………（114）

7.3　物种多样性 …………………………………………………………（115）

7.4　区系特征 ……………………………………………………………（121）

7.5　生态类群 ……………………………………………………………（122）

7.6　珍稀濒危及中国特有种 ……………………………………………（122）

第 8 章　红外相机拍摄调查 …………………………………………………（130）

8.1　调查方法和物种鉴定 ………………………………………………（130）

8.2　红外相机拍摄调查物种编目 ………………………………………（131）

8.3　主要物种的种群动态及分布 ………………………………………（137）

8.4　种群数量估算 ………………………………………………………（153）

8.5　物种间日活动节律比较 ……………………………………………（158）

8.6　与历史数据比较 ……………………………………………………（161）

8.7　乡镇(街道)间数据比较 ……………………………………………（162）

第9章　野生动物多样性及珍稀濒危物种 ┄┄┄┄┄┄┄┄┄┄┄┄┄┄┄┄┄┄ (166)

　9.1　野生动物种类 ┄┄┄┄┄┄┄┄┄┄┄┄┄┄┄┄┄┄┄┄┄┄┄┄┄┄┄ (166)

　9.2　调查新发现 ┄┄┄┄┄┄┄┄┄┄┄┄┄┄┄┄┄┄┄┄┄┄┄┄┄┄┄┄┄ (166)

　9.3　国家重点保护野生动物 ┄┄┄┄┄┄┄┄┄┄┄┄┄┄┄┄┄┄┄┄┄┄┄ (169)

　9.4　《世界自然保护联盟濒危物种红色名录》濒危物种 ┄┄┄┄┄┄┄┄ (171)

　9.5　《中国生物多样性红色名录——脊椎动物卷》濒危物种 ┄┄┄┄┄ (171)

　9.6　浙江省重点保护野生动物 ┄┄┄┄┄┄┄┄┄┄┄┄┄┄┄┄┄┄┄┄┄ (173)

第10章　野生动物资源评价 ┄┄┄┄┄┄┄┄┄┄┄┄┄┄┄┄┄┄┄┄┄┄┄┄┄ (175)

　10.1　生物多样性保护价值 ┄┄┄┄┄┄┄┄┄┄┄┄┄┄┄┄┄┄┄┄┄┄┄ (175)

　10.2　生境保护价值 ┄┄┄┄┄┄┄┄┄┄┄┄┄┄┄┄┄┄┄┄┄┄┄┄┄┄┄ (176)

　10.3　受威胁现状 ┄┄┄┄┄┄┄┄┄┄┄┄┄┄┄┄┄┄┄┄┄┄┄┄┄┄┄┄┄ (176)

　10.4　保护对策 ┄┄┄┄┄┄┄┄┄┄┄┄┄┄┄┄┄┄┄┄┄┄┄┄┄┄┄┄┄┄ (177)

参考文献 ┄┄┄┄┄┄┄┄┄┄┄┄┄┄┄┄┄┄┄┄┄┄┄┄┄┄┄┄┄┄┄┄┄┄┄┄ (180)

附录　安吉县野生动物脊椎动物名录(2021年版) ┄┄┄┄┄┄┄┄┄┄┄┄┄ (184)

　附录1　哺乳纲(兽类)MAMMALIA(67种,分属8目21科51属) ┄┄┄┄ (184)

　附录2　鸟纲 AVES(256种,分属18目63科161属) ┄┄┄┄┄┄┄┄┄┄ (187)

　附录3　爬行纲 REPTILIA(48种,分属3目16科40属) ┄┄┄┄┄┄┄┄ (196)

　附录4　两栖纲 AMPHIBIA(27种,分属2目9科19属) ┄┄┄┄┄┄┄┄ (198)

　附录5　鱼纲 PISCES(土著鱼类74种,分属7目17科51属) ┄┄┄┄┄ (200)

　附录6　安吉县引入鱼类(8种,分属4目5科) ┄┄┄┄┄┄┄┄┄┄┄┄┄┄ (203)

第 1 章 安吉县基本情况

1.1 自然地理

1.1.1 地理位置

安吉县(东经 119°14′～119°53′,北纬 30°23′～30°53′)位于浙江省西北部,是浙江省湖州市的市属县,与浙江省湖州市吴兴区、长兴县、德清县,杭州市余杭区、临安区和安徽省宁国市、广德市相邻,占地面积 1886km²。安吉县城递铺距杭州市 65km、上海市 223km,地处长三角地理中心,是杭州都市圈重要的西北节点。

1.1.2 地质

安吉县处于江南地轴东南边缘与钱塘印支褶皱带之间的过渡地段、吴兴—临安断裂西侧,属于江南古陆台的一部分。其地层属浙西向斜的组成部分,系加里东褶皱古老地层;境内出露地层以古生界面积最大。

1.1.3 地形地貌

天目山横亘于安吉县境边缘,其东、西两支山脉夹抱县域两侧,形成三面环山、中为河谷平原、西南高而东北低、形似畚箕的地形。地貌有山地、丘陵、岗地、平原四种类型。山地主要分布于县境西南部,海拔大多为 500～1000m,其中龙王山海拔达 1587m,为浙北最高峰;丘陵主要分布于县境东部、中部,海拔为 80～500m;岗地主要分布于县境西北部,海拔为 30～100m;平原为西苕溪干流和支流冲积而成的连片河谷平原,海拔为 4～15m。

1.1.4 气候

安吉县属亚热带季风气候区,光照充足、气候温和、雨量充沛、四季分明。年平均日照时数 2005.5h;年平均气温在 15.5℃;35℃ 以上的高温日多在 6 月下旬至 8 月;年平均无霜期 226d。年平均降水量 1485.4mm,常年平均降水日 155d,最多的年份可达 200d 左右,最少的年份仅 83d;年平均蒸发量 884.0mm。境内季风盛行,风向的季节变化十分显著,年平均风速 1.8m/s,属风速偏小地区。

1.1.5 水文特征

安吉属长江水系地区。境内的主要河流为西苕溪,县境东南部分支流注入浙江省的东苕溪,县境西部分支流注入安徽省宁国市的东津河。西苕溪流域:流域面积1806.1km²,主流长110.8km,发源于杭垓镇高村村的狮子山(海拔862.3m)大沿坑;西苕溪另一源流为南溪,起自龙王山,号称"黄浦江源头"。两溪流至递铺街道六庄村长潭汇合,形成西苕溪干流,沿途又接纳龙王溪(大溪)、浒溪、里溪、晓墅港、浑泥港等主要支流后至小溪口而出县境。东苕溪流域:山川乡全部,昌硕街道、梅溪镇部分村降水经杭州余杭区、德清县分别注入东苕溪,流域面积74.1km²。东津河流域:杭垓镇岭西村降水流入安徽省宁国市东津河,流域面积6.2km²。

安吉县共建水库81座,其中大型水库2座、中型水库3座。赋石、老石坎两座大型水库的容积分别为2.18×10⁸m³和1.15×10⁸m³,控制西苕溪的西溪、南溪上游流域面积580km²。

1.1.6 土壤

安吉县土壤有红壤、黄壤、岩性土、潮土、水稻土等5个土类、11个亚类、46个土属、65个土种。红壤广泛分布于海拔600m以下的低山丘陵,面积约907km²,占全县土壤面积的53.5%。黄壤主要分布于海拔600m以上的山地,面积170km²,占全县土壤面积的10.0%。岩性土由石灰岩、泥质岩等风化发育而成,狭条状分布于天荒坪镇、上墅乡、报福镇、章村镇、杭垓镇等山区乡镇(街道),面积约39km²,占全县土壤面积的2.3%。潮土主要分布于西苕溪干流、支流两岸河漫滩和阶地上,面积约33km²,占全县土壤面积的1.9%。水稻土是各种自然土壤经长期耕作、熟化所形成的特殊农业土壤,全县各乡镇(街道)均有分布,较集中于西苕溪干流、支流河谷地带,面积约546km²,占全县土壤面积的32.2%。

1.2 自然资源

1.2.1 植被

安吉县属中亚热带常绿阔叶林北部亚地带,植被类型和植物区系复杂。森林植被可分为针叶林植被、阔叶林植被、灌丛植被、草丛植被、沼泽及水生植被、园林植被等6个植被类型和40个植被群系。

植被的垂直分布具有明显的层次性。海拔50m以下的河谷平原、低丘缓坡以农作物为主,河滩有较多的小杂竹林,主要农作物有稻、麦、茶、桑等;海拔50~500m的山地、丘陵植被为常绿、落叶阔叶林,毛竹及小竹林,主要树种有青冈、苦槠、甜槠、木荷、紫楠、毛竹、杉木、马尾松、油桐、板栗、麻栎、枫香、红竹等;海拔500~800m的低山植被类型为常绿、落叶阔叶林,针叶林,毛竹林,主要树种有青冈、木荷、枳椇、檫树、马尾松、杉、毛竹、枫香等,在石灰岩地区广布山核桃、柏木等;海拔800m以上的山地主要有黄山松、柳杉、槭树、化香、椴、桦木和茅栗等林木;海拔1200m以上只有山顶矮林灌木丛和山地草甸。

1.2.2 野生植物

安吉县野生植物资源丰富,本书共记录野生植物156科684属1478种,包括蕨类植物 27 科 61 属 130 种、裸子植物 6 科 9 属 12 种、被子植物 123 科 614 属 1336 种。安吉县保存着银缕梅、南方红豆杉、花榈木、香果树、银杏等国家重点保护野生植物及其他珍稀濒危植物 108 种,隶属 41 科 82 属,其中,国家重点保护野生植物有 17 种,浙江省重点保护野生植物有 37 种。

1.2.3　野生动物

安吉县境内共记录野生脊椎动物 472 种,隶属 38 目 126 科,占全省野生脊椎动物总种数的 48%,包括土著鱼类 7 目 17 科 74 种、两栖类 2 目 9 科 27 种、爬行类 3 目 16 科 48 种、鸟类 18 目 63 科 256 种、兽类 8 目 21 科 67 种。其中,国家一级重点保护野生动物 12 种,国家二级重点保护野生动物 60 种,《中国生物多样性红色名录——脊椎动物卷》(简称《中国生物多样性红色名录》)濒危等级在易危(VU)及以上物种 43 种,《世界自然保护联盟濒危物种红色名录》(简称《IUCN 红色名录》)濒危等级在易危(VU)及以上物种 25 种。

1.2.4　生态旅游资源

安吉县森林覆盖率达 70% 以上,生态旅游资源丰富,如大竹海、藏龙百瀑、大汉七十二峰、天赋旅游度假村、天荒坪风景名胜区、黄浦江源头龙王山等。全县拥有森林旅游景区 34 个、AAAA 级竹林景区 6 个、竹林特色景区 12 个、中国慢生活体验区 1 个、中国森林养生基地 3 个、中国森林康养基地 5 个、中国森林氧吧 1 个、浙江省级森林特色小镇 7 个、浙江省级森林人家特色村 15 个。随着集生态旅游、特色小镇于一体的全域旅游全面兴起,安吉县 2020 年共接待游客 2104.7 万人次,旅游总收入 305 亿元,获评首批国家全域旅游示范区。

1.3　社会经济

1.3.1　行政区划与人口

根据《浙江省人民政府关于安吉县部分行政区划调整的批复》(浙政函〔2014〕12 号)和《湖州市人民政府关于安吉县部分行政区划调整的通知》(湖政函〔2014〕13 号),安吉县下辖 8 镇 3 乡 4 街道,以及 39 个社区居民委员会、169 个村民委员会。其中,"8 镇"分别为梅溪、天子湖、鄣吴、杭垓、孝丰、报福、章村、天荒坪;"3 乡"分别为溪龙、上墅、山川;"4 街道"分别为递铺、昌硕、灵峰、孝源。截至 2020 年末,全县户籍人口 47 万人。

1.3.2　历史与文化概况

安吉是一座具有 1800 多年历史的江南古城,建县于东汉中平二年,取《诗经》"安且吉兮"之意得名。安吉人文底蕴深厚,形成了竹文化、茶文化、昌硕文化、移民文化等多元交融的地域特色文化,文物藏量居全国各县(区)前十位,上马坎旧石器文化遗址的发现将浙江的人类历史提前到距今 80 万年前。

2005 年 8 月 15 日,习近平总书记在安吉余村首次提出了"绿水青山就是金山银山"

的科学论断。多年来,安吉全县上下始终牢记习近平总书记的谆谆教诲,忠实践行"绿水青山就是金山银山"理念,聚焦聚力改革创新,探索出了一条生态美、产业兴、百姓富的绿色发展之路。

1.3.3 经济概况

安吉县区位条件优越,基础设施完善,产业结构合理,社会经济发展水平较高,是富有经济发展活力的地区。近年来,安吉经济社会实现了持续快速协调发展。2020年,安吉实现地区生产总值487.1亿元,较上年增长4.3%,增幅居湖州地区第一;完成财政总收入100.1亿元,增长11.1%,其中一般公共预算收入59.8亿元,增长11.6%;城、乡居民人均可支配收入分别达到59518元、35699元,分别增长4.5%、6.6%。

第 2 章 调查研究方法

2.1 调查目的和任务

野生动物资源调查是为保护和管理野生动物资源提供科学依据,满足政府部门制定宏观政策、推进生态文明建设、贯彻执行《中华人民共和国野生动物保护法》《中华人民共和国陆生野生动物保护实施条例》的需要。

本次野生动物资源调查以物种调查为主,兼顾物种生境和生态系统类型的调查,主要任务是查清安吉县境内野生动物资源现状,并进行科学评价,为安吉县建立野生动物资源监测体系奠定基础。

2.2 调查研究对象和内容

2.2.1 调查研究对象

调查研究对象为安吉县野生脊椎动物,包括野生状态下生存的兽类、鸟类、两栖类、爬行类、鱼类的所有种,其中重点调查以下几方面。

(1)国家重点保护野生动物。

(2)浙江省重点保护野生动物。

(3)《中国生物多样性红色名录——脊椎动物卷》(简称《中国生物多样性红色名录》)易危(VU)及以上的物种。

(4)《世界自然保护联盟濒危物种红色名录》(简称《IUCN 红色名录》)易危(VU)及以上的物种。

(5)特有种、优势种。

(6)其他公约或协定保护的物种。

2.2.2 调查研究内容

调查研究内容包括物种组成、分布、数量、生境、受威胁因素和保护现状,具体有以下几方面。

(1)野生动物物种多样性及分布现状。

(2)野生动物种群数量及发展趋势。

(3)野生动物物种多样性的受威胁情况。

（4）野生动物栖息地现状及保护状况。

（5）珍稀濒危物种保护现状，重点调查其特定栖息地生境和历史上曾有分布记录的区域。

（6）其他影响野生动物资源变动的主要因子。

2.3 调查研究原则

（1）科学性原则。应坚持严谨的科学态度，合理布设调查样线、样方，采用标准的、统一的方法获取资源本底数据，能够分析评价安吉县野生动物资源情况、受威胁因素以及发展趋势。技术方法和调查结果应具有可重复性。

（2）全面性原则。要全面反映野生动物资源的整体情况。调查样线或样点应覆盖安吉县内各种生境类型，以及不同的海拔段、坡位、坡向；尽可能多地覆盖安吉县内的调查网格。

（3）重点性原则。在安吉县内生境质量好、野生动物资源丰富的区域，如自然保护区、风景名胜区、湿地公园等自然保护地，应增加调查的强度；重点关注《中国生物多样性红色名录》中的受威胁（易危、濒危、极危）物种和数据缺乏的物种，应在其可能分布的生境增加调查的强度。

（4）创新性原则。应用高新技术和先进装备获取更多资源调查数据。创新野外调查及成果利用形式。注重调查成果的集成性与应用性，充分利用新媒体展示安吉县野生动物资源的多样性。

（5）安全性原则。保障野外调查者人身安全，贯彻"安全第一、预防为主"方针，做好安全防护措施。在标本采集、野外鉴定潜在疫源动物时，应按相关规定做好防疫处理。

2.4 技术路线

2.4.1 调查准备

（1）收集、分析与调查区域有关的动物志书、报告、文献、标本、数据库等资料，初步构建安吉县野生动物名录，确定重点详查物种。

（2）收集调查区域的气象、地形地貌、植被类型等自然地理资料，编制调查与评估实施方案。

（3）准备调查工具与设备、调查记录表格、野外防护装备，包括地图、GPS 定位仪、对讲机、卫星电话、望远镜、照相机、红外触发式相机、夜视仪、摄像机、录音机、测距仪、测角器、长卷尺、钢卷尺、直尺、DNA 样品采集工具。

（4）组织开展调查评估技术培训，包括安全培训、调查与评估技术规程培训、数据采集培训等。

2.4.2 野外调查

（1）根据调查对象与调查内容，结合区域内自然环境状况确定调查方法，设置调查样线与野外重点详查物种调查样方。

（2）选择合适的调查时间实施调查，采集标本，做好相应的调查记录，尽可能多地采集照片（生境照片、物种照片、野外工作照片）和视频等凭证资料。

2.4.3 室内工作

（1）整理调查记录、照片、视频等数据，整理标本，并对野外分类不确定的个体做进一步鉴定。

（2）根据调查结果编制物种名录，绘制物种分布图及物种丰富度分布图，完成物种受威胁状况分析、保护空缺分析等。

（3）编写调查与评估报告。

（4）将调查数据与结果上报。

安吉县野生动物资源调查研究技术路线见图 2-1。

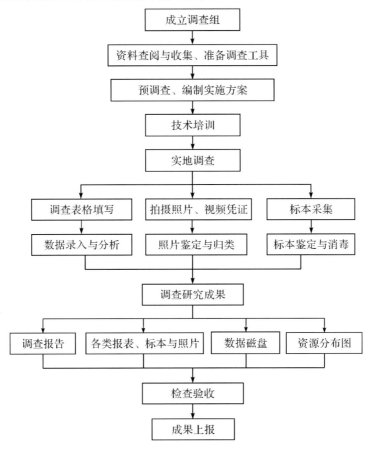

图 2-1 安吉县野生动物资源调查研究技术路线图

2.5 调查区划与抽样

2.5.1 抽样方法

采用分层抽样与系统抽样相结合的方法。

（1）根据景观类型、野生动物栖息地类型，对安吉县进行分层（图 2-2）。

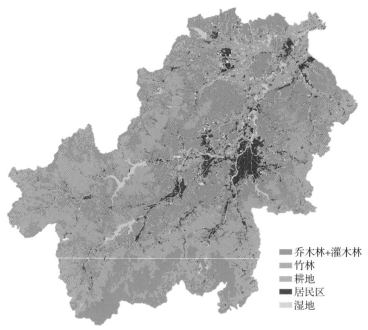

乔木林+灌木林
竹林
耕地
居民区
湿地

图 2-2　安吉县景观类型分层图

（2）将安吉县按 1km×1km 划分为公里网格，采用系统抽样法，按照≥10% 的强度抽取 208 个 1km×1km 公里网格作为调查样区（图 2-3）。

图 2-3　安吉县野生动物资源调查样区分布图

（3）在每个调查样区内，根据植被类型、海拔梯度等设置理论样地（样线、样点、样方）。

（4）调查样区内的样地面积应大于样区面积的 3％。如遇特殊情况，在保证总抽样强度 0.1％～0.3％ 的前提下，调查样区与样地的抽样强度可以根据实际情况调整。在保证调查有效性的情况下，具体应用样方法调查两栖类、爬行类时不受抽样强度限制。

（5）在实地调查前，应将理论样地落实在电子地形图上，生成样地分布图。

2.5.2　调查样地的布设

鱼类、两栖类、爬行类、鸟类、兽类宜分别布设样地。样地布设前进行预调查。样地布设应充分考虑野生动物的栖息地类型、活动范围、生态习性、透视度，以及调查时所使用的交通工具。

样线长度的设置应使得调查人员对该样线的调查能在当天完成。样线宽度的设置应使调查人员能清楚观察到两侧的野生动物及活动痕迹。样线宽度、样点半径、样方大小依据栖息地类型、野生动物种类、野生动物习性、观察对象确定。但对同一物种的调查应使用相同类型的调查样地，样线宽度、样点半径、样方大小应一致。

在 1∶10000 的电子地形图上布设调查样地。样地应具有代表性，同类型样地不应有交叉。应充分利用森林资源二类调查成果、遥感卫星影像等，采用 GIS 技术等现代信息技术布设样地。

2.5.3　样地编号

对调查样地进行编号，编号应包含调查样地类型及编号的信息。调查样区编号由 3 位数字组成。调查样地类型分别为：样线——1、样点——2、样方——3，样线、样点、样方编号均为 3 位数。

专项调查样地编号采用在调查样地类型前加字母 Z 的方法。同步调查样地编号采用在调查样地类型前加字母 T 的方法。

2.5.4　样地定位

调查人员应使用大比例尺地形图、GPS 或借助森林资源调查固定样地的标桩等，进行样地定位。

找到起始点后，调查人员应依照预设方向行进，按照野生动物野外调查方法的技术要求，开展野外调查。

2.6　种群数量调查

野生动物种群数量的调查分为常规调查、专项调查和同步调查等。根据全面性原则，对大部分调查对象采用常规调查。根据重点性原则，对珍稀濒危物种进行专项调查。对具有迁徙（迁移）习性的野生动物，在迁徙（迁移）季节进行同步调查。

2.6.1 常规调查

1. 鱼类

根据调查水体的形态、大小、流量等环境条件,选择相应的调查方法。渔获物调查法可用于大型湖泊、水库和河流鱼类观测。鱼类现场捕获法可用于小型浅水湖泊和小型河流鱼类观测。调查样地应具有代表性,能全面反映安吉县鱼类多样性的整体概况。

2. 两栖类、爬行类

两栖类和爬行类的常规调查方法相近,以样线法为主,访问法和历史文献资料收集整理等作为补充。两栖类、爬行类动物大多昼伏夜出,也有部分动物为日行性,因此样线调查在白天和夜晚都要开展。

爬行类中有毒种类较多,调查者应接受相关专业培训,做好安全防护。在安全性原则方面,捕捉标本时应做好个人安全防护。

3. 鸟类

鸟类的调查方法以样线法、红外相机拍摄法(主要调查地栖性鸟类)、羽迹法和直接计数法(集群地计数法)为主,访问法和网捕法作为补充。

鸟类数量调查分繁殖季和冬季两次进行,繁殖季和冬季调查都应在大多数种类的数量相对稳定的时期内开展。

4. 兽类

兽类调查以红外相机拍摄法(主要调查大中型兽类)、夹夜法(小型兽类,如食虫目、啮齿目)、网捕法(翼手目)为主,辅以访问法和资料收集法。

2.6.2 其他调查

1. 专项物种调查

对分布范围狭窄、习性特殊、数量稀少、常规调查不能达到要求的种类进行专项调查。应依据各物种的分布、栖息地状况、生态习性等制定相应的调查方法。若对某一物种既进行了专项调查,又进行了常规调查,则以专项调查结果进行数据汇总。

2. 专项区域调查

对常规调查难以实施的地区进行专项调查,应依据调查地区地形地貌等自然条件以及当地野生动物的分布、栖息地、生态习性等制定相应的调查方法。

3. 同步调查

对部分具有明显越冬地以及停歇特征的迁徙鸟类进行同步调查。应在种群稳定期间进行调查,每次调查应在所有安吉县内的集中越冬地同时开展。

4. 猎捕许可

在用网捕法开展迁徙过境鸟类调查、翼手目调查前,需获得野生动物保护主管部门的野生动物猎捕许可。调查作业时,网捕到物种后应当场确定物种,完成信息登记后放飞,尽量减少对网捕物种的影响。

2.7　物种鉴定、标本采集及影像凭证

2.7.1　物种鉴定

鉴定到种。进行物种鉴定时,主要依据志书、图鉴等工具书,并结合各标本馆馆藏标本,必要时可利用 DNA 条形码技术进行鉴定。

2.7.2　标本采集

在调查过程中要收集标本及其他相关资料,保留可靠凭证。标本应标注鉴定的依据资料或鉴定专家。原则上每个物种提交一份标本到浙江省林业局指定机构保存。珍稀濒危物种严禁采集标本,只需提供照片或视频等。

标本统一编号格式为"县级行政区代码"+"采集动物序号(从 0001 号起编,以 4 位数字表示)"。不同份数之间,以 a、b、c······为序,附于采集号之后。

2.7.3　影像凭证

1. 影像凭证类型

野外调查采集的影像凭证应该包含以下内容。

(1)生境照片。每条样线不少于 5 张生境照片,每个样方不少于 3 张生境照片。其中,每条样线或每个样方必须包含 1 张以生境为背景、GPS 定位仪屏幕为前景的照片(GPS 定位仪屏幕上显示内容为调查点的地理位置信息)。

(2)物种影像。凭证照片或视频应能准确反映该物种的外在形态特征,影像清晰、自然,并显示相机内置的时间。

(3)工作影像。工作影像包括照片和视频,如实记录调查工作的执行内容。

2. 影像凭证命名

(1)生境照片以"样线编号"(或"样方编号")-"HT"-"照片序号(从 001 号起编,以 3 位数字表示)"的形式命名。

(2)物种影像以"样线编号"(或"样方编号")-"物种拉丁名"-"照片或视频序号(从 001 号起编,以 3 位数字表示)"的形式命名。

2.8　珍稀濒危物种及中国特有种确定依据

(1)《国家重点保护野生动物名录》(2021)中的物种。

(2)《浙江省重点保护陆生野生动物名录》中的物种。

(3)《IUCN 红色名录》(2021)评估为近危(NT)及以上等级的物种。

(4)《中国生物多样性红色名录》评估为近危(NT)及以上等级的物种。

(5)《中国动物地理》中的物种。

2.9 数据处理及分析统计

2.9.1 分布面积

如果调查对象在调查样区均有分布,则调查样区面积即为调查对象的分布面积。如果调查对象在调查样区内仅分布于特定栖息地,则该栖息地面积为调查对象的分布面积。

根据野生动物的栖息地记录,确定栖息地类型。根据森林资源二类清查数据,用 GIS 确定分布区内各类型栖息地的面积,各类型栖息地面积之和即为动物在调查样区内的栖息地面积。专项调查亦可照此方法确定。同步调查根据具体调查面积确定。

2.9.2 栖息地面积

根据种群及栖息地调查记录,评价野生动物及栖息地受到的主要威胁、受干扰状况及程度。根据样区调查情况,结合资料查阅、访问调查,对调查单元野生动物及栖息地受到的主要威胁、受干扰状况进行评价。

2.9.3 野生种群数量

1. 样线法

用 l、z、g、j、s 分别代表生境分层中的林地、竹林、耕地、居民区、湿地。y_{li}、y_{zi}、y_{gi}、y_{ji}、y_{si} 表示第 i 个调查样区各生境分层中某物种个体密度(单位为只/km²)。

以林地为例,其他分层的计算原理相同。

$$y_{li} = 第\,i\,个样区中林地分层的物种个体数量/第\,i\,个样区中林地样区面积$$

$$r_{li} = 第\,i\,个样区中林地样线长度/林地样线总长度$$

安吉县生境分层类型结果见表 2-1。

表 2-1　安吉县生境分层类型表

样区号	林地		竹林		耕地		居民区		湿地	
1	y_{l1}	r_{l1}	y_{z1}	r_{z1}	y_{g1}	r_{g1}	y_{j1}	r_{j1}	y_{s1}	r_{s1}
2	y_{l2}	r_{l2}	y_{z2}	r_{z2}	y_{g2}	r_{g2}	y_{j2}	r_{j2}	y_{s2}	r_{s2}
3	y_{l3}	r_{l3}	y_{z3}	r_{z3}	y_{g3}	r_{g3}	y_{j3}	r_{j3}	y_{s3}	r_{s3}
⋮	⋮	⋮	⋮	⋮	⋮	⋮	⋮	⋮	⋮	⋮
n	y_{ln}	r_{ln}	y_{zn}	r_{zn}	y_{gn}	r_{gn}	y_{jn}	r_{jn}	y_{sn}	r_{sn}

(1)样区物种各层的平均密度

$$\bar{y}_l = \sum_{i=1}^{n} r_{li} y_{li} \qquad \bar{y}_z = \sum_{i=1}^{n} r_{zi} y_{zi} \qquad \bar{y}_g = \sum_{i=1}^{n} r_{gi} y_{gi}$$

$$\overline{y}_j = \sum_{i=1}^{n} r_{ji} y_{ji} \qquad \overline{y}_s = \sum_{i=1}^{n} r_{si} y_{si}$$

(2)样区物种各层的方差

$$D(y_l) = \sum_{i=1}^{n} r_{li}(y_{li} - \overline{y}_l)^2 \qquad D(y_z) = \sum_{i=1}^{n} r_{zi}(y_{zi} - \overline{y}_z)^2$$

$$D(y_g) = \sum_{i=1}^{n} r_{gi}(y_{gi} - \overline{y}_g)^2 \qquad D(y_j) = \sum_{i=1}^{n} r_{ji}(y_{ji} - \overline{y}_j)^2$$

$$D(y_s) = \sum_{i=1}^{n} r_{si}(y_{si} - \overline{y}_s)^2$$

(3)样区物种各层平均密度的方差

$$D(\overline{y}_l) = \sum_{i=1}^{n} r_{li}(y_{li} - \overline{y}_l)^2 \sum_{i=1}^{n} r_{li}^2 \qquad D(\overline{y}_z) = \sum_{i=1}^{n} r_{zi}(y_{zi} - \overline{y}_z)^2 \sum_{i=1}^{n} r_{zi}^2$$

$$D(\overline{y}_g) = \sum_{i=1}^{n} r_{gi}(y_{gi} - \overline{y}_g)^2 \sum_{i=1}^{n} r_{gi}^2 \qquad D(\overline{y}_j) = \sum_{i=1}^{n} r_{ji}(y_{ji} - \overline{y}_j)^2 \sum_{i=1}^{n} r_{ji}^2$$

$$D(\overline{y}_s) = \sum_{i=1}^{n} r_{si}(y_{si} - \overline{y}_s)^2 \sum_{i=1}^{n} r_{si}^2$$

(4)样区某物种平均密度与方差

平均密度:

$$\overline{y} = w_l \overline{y}_l + w_z \overline{y}_z + w_g \overline{y}_g + w_j \overline{y}_j + w_s \overline{y}_s$$

式中:w_l、w_z、w_g、w_j、w_s 为安吉县各生境分层的面积权重,其和等于1。

方差:

$$D(\overline{y}) = w_l^2 D(\overline{y}_l) + w_z^2 D(\overline{y}_z) + w_g^2 D(\overline{y}_g) + w_j^2 D(\overline{y}_j) + w_s^2 D(\overline{y}_s)$$

(5)县域物种总体平均数估计

县域某物种的总体平均数点估计:

$$\hat{Y} = \overline{y}$$

县域某物种的总体平均数区间估计:

误差限 $$\Delta = u_a \sqrt{D\overline{y}}$$

式中:α 为可靠性指标,一般取0.05或0.01。总体平均数 $\overline{Y}$ 落在区间 $(\overline{y} - \Delta, \overline{y} + \Delta)$ 的概率是 $1 - \alpha$。当 α 取0.05时,估计的可靠性为95%,$u_a = 1.9600$;当 α 取0.01时,估计的可靠性为99%,$u_a = 2.5758$。

县域某物种的总体平均数估计精度:

$$P = (1 - \Delta/\overline{y}) \times 100\%$$

(6)县域物种种群数量估计

县域某物种的种群数量点估计:

$$\hat{N} = \overline{y} A$$

式中：A 为县域总面积（单位为 km^2）。

县域某物种的种群数量区间估计：

误差限 $\qquad \Delta = u_a \sqrt{D(\bar{y}A)} = u_a A \sqrt{D(\bar{y})}$

式中：种群数量 N 落在区间 $(\hat{N} - \Delta, \hat{N} + \Delta)$ 的概率是 $1 - \alpha$。

县域某物种的种群数量估计精度：

$$P = (1 - \Delta / \bar{y}) \times 100\%$$

以上计算方法仅针对样线法所记录的物种进行估算，在样线外随时记录所见的物种，但该记录只采用其物种信息而不参与数量统计和计算。

2. 样点法

种群密度估计：若以 D 表示调查样点上的个体密度，N 表示样点内发现的个体数，r 表示样点平均半径，则

$$D = N / (\pi r^2)$$

$$\bar{D} = \left(\sum_{i=1}^{N} D_i \right) / N$$

3. 集群地计数法

若以 D 表示调查样本上的个体密度，M 表示集群地内发现的个体数，A 表示样本面积，则

$$D = \left(\sum_{i=1}^{N} M_i \right) / A$$

4. 样方法

种群密度估计：若以 D 表示调查样方上的个体密度，N 表示样方内发现的个体数，B 表示样方面积，则

$$D = N / B$$

2.9.4 种群优势度指数

种群优势度指数采用 Berger-Parker 优势度指数 I，则

$$I = N_{\max} / N_{\mathrm{T}}$$

式中：$N_{\max}$ 为优势种群数量；N_{T} 为全部物种的种群数量。

2.9.5 物种多样性 G-F 指数

应用基于物种数目的 G-F 指数公式计算区域内物种多样性。其中，G 指数计算属内和属间的多样性；F 指数计算科内和科间的多样性；G-F 指数测定科、属水平上的物种多样性。具体的计算公式如下。

（1）F 指数

在一个特定的科

$$D_{\mathrm{FK}} = -\sum_{i=1}^{n} P_i \ln P_i$$

式中：$P_i = S_{Ki}/S_K$；$S_K =$ 名录中 K 科中的物种数；$S_{Ki} =$ 名录中 K 科 i 属中的物种数；$n =$ K 科中的属数。

一个地区的 F 指数：

$$D_F = -\sum_{K=1}^{m} D_{FK}$$

式中：$m =$ 名录中的科数。

（2）G 指数

$$D_G = -\sum_{j=1}^{p} q_j \ln q_j$$

式中：$q_j = S_j/S$；$S =$ 名录中的物种数；$S_j = j$ 属种物种数；$p =$ 总属数。

（3）G-F 指数

$$D_{GF} = 1 - D_G/D_F$$

根据上述公式，计算安吉县各类野生动物的 G-F 指数。

2.9.6　综合评价

本书对安吉县野生动物资源、自然地理环境、社会经济状况和保护价值进行综合评价，尤其是对生物多样性保护价值、生境保护价值、珍稀濒危物种受威胁现状、栖息地适宜性、人为干扰等进行专门的评价，分析其威胁因素、功能区划的合理性、管理的有效性、生态系统服务功能等内容，进一步提出野生动物资源保护管理对策。

第 3 章 鱼类资源

3.1 调查路线和时间

鱼类资源调查涵盖安吉县各乡镇(街道)的各类型天然水域(包括山塘水库与天然水体相联通的非养殖用途的人工水体)。主要调查季节以夏季梅雨期过后为主,春、秋、冬季适当进行补充调查。

全县设置鱼类调查样线 30 条,覆盖安吉县内所有水体类型,如湖泊、水库、河流和溪流等。每条样线根据水体形态、水体底质、水位、水流、水质等因素设置 10 个采样断面(样点)。

3.2 调查方法和物种鉴定

3.2.1 调查方法

鱼类资源调查以现场捕获法和渔获物调查法为主,水下影像调查法作为补充。

(1)现场捕获法

现场捕获法指根据采样水域的生境类型和调查种类的习性,设置采样断面,选择相应的网具、钓具或其他捕鱼设备,直接将鱼类从水体中捕获的方法。

(2)渔获物调查法

渔获物调查法指从水体附近、码头、市场、饭店等地的渔民、鱼贩等处收集鱼类个体标本与鱼类来源信息的补充调查方法。

(3)水下影像调查法

水下影像调查法指通过浮潜、深潜等水下作业手段,以拍摄照片或视频等方式,在水体能见度高的水域进行调查,对鱼类物种进行记录和统计。

3.2.2 物种鉴定及命名

调查人员通过肉眼观察记录和相机拍摄等方法,将捕获物种进行现场初步识别并记录。对于捕捞到的珍稀濒危物种,在进行鉴定并留存影像记录后放生;其他物种留 2～3 尾做成标本留存。留存的标本在拍摄活体照片后洗净,浸入 75% 酒精中保存,以便核对或做进一步鉴定。

分类鉴定参照《浙江动物志·淡水鱼类》《中国动物志·硬骨鱼纲·鲤形目(中卷)》《中国动物志·硬骨鱼纲·鲤形目(下卷)》《中国动物志·硬骨鱼纲·鲇形目》等。物种名录整理主要依照《中国内陆鱼类物种与分布》,参考近年发表的鱼类新种进行补充与整合。保护等级参考《中国生物多样性红色名录》,其中国家保护等级参考《国家重点保护野生动物名录》(2021)等资料。

3.2.3　生态类型划分

根据鱼类栖息与繁殖水域环境的不同,以及 Elliott 等对河口鱼类生态类群的分类方法,结合《浙江动物志·淡水鱼类》,将安吉县鱼类分为以下几种生态类型。

(1)山溪定居型

在水流湍急、清澈、溶氧较高、石砾底质的水体中生活。

(2)江河定居型

栖息于水流平缓的相对静水环境中,包括大的江河干流、湖泊水库和池塘水田等环境。

(3)溯河洄游型

会溯游到溪流中产卵繁殖,仔稚鱼顺流而下,游至下游河口或海洋中成长。

(4)降海洄游型

主要栖息在溪河中,当成鱼性成熟时,回到海洋的特定海域中产卵繁殖,仔稚鱼孵化后由河口溯游回到溪河中成长。

3.3　物种多样性

3.3.1　物种组成

通过调查,安吉县天然水域分布鱼类 82 种。其中,土著鱼类 74 种,分属 7 目 17 科51 属;外来引入鱼类 8 种,包括境内引入 3 种、境外引入 5 种。

安吉县土著鱼类多样性组成见表 3-1、图 3-1。

表 3-1　安吉县土著鱼类多样性组成表

目名	科数	科名	种数	种占比
鳗鲡目 ANGUILLIFORMES	1	鳗鲡科 Anguillidae	1	1.35%
鲱形目 CLUPEIFORMES	1	鳀科 Engraulidae	1	1.35%
鲤形目 CYPRINIFORMES	3	鲤科 Cyprinidae	48	64.86%
		花鳅科 Cobitidae	4	5.41%
		爬鳅科 Balitoridae	1	1.35%
鲇形目 SILURIFORMES	3	钝头鮠科 Amblycipitidae	1	1.35%
		鲇科 Siluridae	2	2.70%
		鲿科 Bagridae	3	4.05%

续表

目名	科数	科名	种数	种占比
鲈形目 PERCIFORMES	5	鮨鲈科 Pecichthyidae	1	1.35%
		沙塘鳢科 Odontobutidae	2	2.70%
		虾虎鱼科 Gobiidae	4	5.41%
		斗鱼科 Osphronemidae	1	1.35%
		鳢科 Channidae	1	1.35%
颌针鱼目 BELONIFORMES	2	大颌鳉科 Adrianichthyidae	1	1.35%
		鱵科 Hemiramphidae	1	1.35%
合鳃鱼目 SYNBRANCHIFORMES	2	合鳃鱼科 Synbranchidae	1	1.35%
		刺鳅科 Mastacembelidae	1	1.35%
合计	17		74	100%

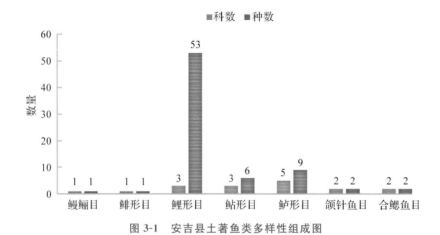

图 3-1　安吉县土著鱼类多样性组成图

　　鲤形目鱼类为最优势类群，共 53 种，超过其他鱼类总和；鲈形目次之，9 种；鲇形目第三，共 6 种；颌针鱼目与合鳃鱼目各 2 种；鳗鲡目与鲱形目各 1 种。

　　鲤形目鱼类中，以鲤科种类最多，共 48 种；花鳅科次之，共 4 种；爬鳅科仅 1 种。

　　安吉县外来引入鱼类组成见表 3-2。

表 3-2　安吉县外来引入鱼类物种组成表

引入种	目	科	种	
			中文名	拉丁名
境内引入种	鲤形目	鲤科	团头鲂	*Megalobrama amblycephala*
	鲤形目	鲤科	银鲫	*Carassius gibelio*
	鲤形目	胭脂鱼科	胭脂鱼	*Myxocyprinus asiaticus*
境外引入种	鲤形目	鲤科	印鲮	*Cirrhinus mrigala*
	鲇形目	北美鲶科	云斑鮰	*Ameiurus nebulosus*
	鲈形目	太阳鱼科	大口黑鲈	*Micropterus salmoides*
	鲈形目	太阳鱼科	蓝鳃太阳鱼	*Lepomis macrochirus*
	鳉形目	胎鳉科	食蚊鱼	*Gambusia affinis*

3.3.2　物种分布

1.广布种

通过对野外调查数据的统计得出,因安吉县境内天然水域均属同一水系,低海拔地区河道平缓,水网纵横,鲫、鲤、鲢、鳙等经济鱼类以及部分江河定居型的小型非经济鱼类为广布种、优势种,分布于所有乡镇(街道)。

2.狭域分布种

安吉县境三面的山区溪流分布着一些相对狭域分布的鱼类,如光唇鱼、密点吻虾虎鱼等。另如刀鲚、蛇鉤等鱼类,仅在县域中心低海拔地区的苕溪干流水域有分布。切尾拟鲿仅收获一号标本,可能分布狭窄,为稀有种。

安吉县土著鱼类物种组成与分布情况见表3-3。

表 3-3　安吉县土著鱼类物种组成与分布表

目、科、种	分布地区
一、鳗鲡目 ANGUILLIFORMES	
(一)鳗鲡科 Anguillidae	
1.鳗鲡 *Anguilla japonica*	递铺街道、昌硕街道、梅溪镇、天子湖镇
二、鲱形目 CLUPEIFORMES	
(二)鳀科 Engraulidae	
2.刀鲚 *Coilia nasus*	递铺街道、昌硕街道、灵峰街道、孝源街道、天子湖镇、杭垓镇
三、鲤形目 CYPRINIFORMES	
(三)鲤科 Cyprinidae	
3.中华细鲫 *Aphyocypris chinensis*	广布种
4.马口鱼 *Opsariichthys bidens*	广布种
5.长鳍马口鱼 *Opsariichthys evolans*	杭垓镇、报福镇、上墅乡、溪龙乡
6.宽鳍鱲 *Zacco platypus*	递铺街道、报福镇、章村镇
7.草鱼 *Ctenopharyngodon idella*	广布种
8.青鱼 *Mylopharyngodon piceus*	广布种
9.尖头大吻鲅 *Rhynchocypris oxycephalus*	章村镇
10.赤眼鳟 *Squaliobarbus curriculus*	广布种
11.达氏鲌 *Culter dabryi*	广布种
12.红鳍鲌 *Culter erythropterus*	广布种
13.蒙古鲌 *Culter mongolicus*	广布种
14.翘嘴鲌 *Culter alburnus*	广布种
15.贝氏䱗 *Hemiculter bleekeri*	孝丰镇
16.䱗 *Hemiculter leucisculus*	广布种
17.鲂 *Megalobrama mantschuricus*	广布种
18.鳊 *Parabramis pekinensis*	广布种
19.海南拟䱗 *Pseudohemiculter hainanensis*	广布种
20.圆吻鲴 *Distoechodon tumirostris*	广布种
21.似鳊 *Pseudobrama simoni*	广布种

续表

目、科、种	分布地区
22. 银鲴 *Xenocypris macrolepis*	广布种
23. 黄尾鲴 *Xenocypris davidi*	广布种
24. 细鳞鲴 *Plagiognathops microlepis*	广布种
25. 鳙 *Hypophthalmichthys nobilis*	广布种
26. 鲢 *Hypophthalmichthys molitrix*	广布种
27. 兴凯鱊 *Acheilognathus chankaensis*	广布种
28. 缺须鱊 *Acheilognathus imberbis*	递铺街道
29. 大鳍鱊 *Acheilognathus macropterus*	广布种
30. 斜方鱊 *Acheilognathus rhombeus*	递铺街道
31. 方氏鳑鲏 *Rhodeus fangi*	广布种
32. 高体鳑鲏 *Rhodeus ocellatus*	广布种
33. 中华鳑鲏 *Rhodeus sinensis*	广布种
34. 齐氏田中鳑鲏 *Tanakia chii*	递铺街道
35. 棒花鱼 *Abbottina rivularis*	广布种
36. 似鮈 *Belligobio nummifer*	递铺街道
37. 细纹颌须鮈 *Gnathopogon taeniellus*	报福镇、上墅乡、溪龙乡
38. 花䱻 *Hemibarbus maculatus*	广布种
39. 唇䱻 *Hemibarbus labeo*	广布种
40. 胡鮈 *Huigobio chenhsienensis*	上墅乡
41. 麦穗鱼 *Pseudorasbora parva*	广布种
42. 黑鳍鳈 *Sarcocheilichthys nigripinnis*	广布种
43. 小鳈 *Sarcocheilichthys parvus*	报福镇、上墅乡
44. 华鳈 *Sarcocheilichthys sinensis*	广布种
45. 蛇鮈 *Saurogobio dabryi*	递铺街道、昌硕街道、灵峰街道、孝源街道、天子湖镇、杭垓镇
46. 银鮈 *Squalidus argentatus*	广布种
47. 点纹银鮈 *Squalidus wolterstorffi*	广布种
48. 鲫 *Carassius auratus*	广布种
49. 鲤 *Cyprinus carpio*	广布种
50. 光唇鱼 *Acrossocheilus fasciatus*	递铺街道、杭垓镇、报福镇、上墅乡、溪龙乡、章村镇
（四）花鳅科 Cobitidae	
51. 中华花鳅 *Cobitis sinensis*	广布种
52. 短鳍花鳅 *Cobitis brevipinna*	上墅乡
53. 泥鳅 *Misgurnus anguillicaudatus*	广布种
54. 大鳞副泥鳅 *Paramisgurnus dabryanus*	广布种
（五）爬鳅科 Balitoridae	
55. 浙江原缨口鳅 *Vanmanenia stenosoma*	递铺街道、杭垓镇、报福镇、上墅乡、溪龙乡、章村镇
四、鲇形目 SILURIFORMES	
（六）钝头鮠科 Amblycipitidae	
56. 鳗尾鮡 *Liobagrus anguillicauda*	章村镇
（七）鲇科 Siluridae	
57. 鲇 *Silurus asotus*	广布种

续表

目、科、种	分布地区
58.大口鲇 *Silurus meridionalis*	广布种
（八）鲿科 Bagridae	
59.黄颡鱼 *Pseudobagrus fulvidraco*	广布种
60.盎堂拟鲿 *Pseudobagrus ondon*	递铺街道、杭垓镇、报福镇、上墅乡、溪龙乡、章村镇
61.切尾拟鲿 *Pseudobagrus truncatus*	天子湖镇
五、鲈形目 PERCIFORMES	
（九）鮨鲈科 Pecichthyidae	
62.翘嘴鳜 *Siniperca chuatsi*	广布种
（十）沙塘鳢科 Odontobutidae	
63.小黄黝鱼 *Micropercops swinhonis*	广布种
64.河川沙塘鳢 *Odontobutis potamophila*	广布种
（十一）虾虎鱼科 Gobiidae	
65.真吻虾虎鱼 *Rhinogobius similis*	广布种
66.雀斑吻虾虎鱼 *Rhinogobius lentiginis*	
67.波氏吻虾虎鱼 *Rhinogobius cliffordpopei*	广布种
68.密点吻虾虎鱼 *Rhinogobius multimaculatus*	
（十二）斗鱼科 Osphronemidae	
69.圆尾斗鱼 *Macropodus ocellatus*	广布种
（十三）鳢科 Channidae	
70.乌鳢 *Channa argus*	广布种
六、颌针鱼目 BELONIFORMES	
（十四）大颌鳉科 Adrianichthyidae	
71.青鳉 *Oryzias latipes*	广布种
（十五）鱵科 Hemiramphidae	
72.间下鱵 *Hyporhamphus intermedius*	递铺街道、昌硕街道、灵峰街道、孝源街道、天子湖镇、杭垓镇
七、合鳃鱼目 SYNBRANCHIFORMES	
（十六）合鳃鱼科 Synbranchidae	
73.黄鳝 *Monopterus albus*	广布种
（十七）刺鳅科 Mastacembelidae	
74.中华光盖刺鳅 *Sinobdella sinensis*	递铺街道

3.4　生态类型

安吉县境内水域以平缓河道与湖泊水库为主。分布鱼类的生态类型以江河定居型为主；山溪定居型仅分布于山区溪流水域，数量相对较少；降海洄游型仅鳗鲡一种，但安吉县调查到的鳗鲡判断为养殖逃逸，依据是安吉县及周边多年来已无野生鳗鲡资源。

安吉县水域内的刀鲚为陆封种群，无需降海育肥，因此安吉县境内无溯河洄游型鱼类。此外，赤眼鳟、圆吻鲴、斜方鳊等既能适应江河缓流生境，又能在山溪急流环境中生存，因此，山溪定居型与江河定居型两种生态类型兼符合。

安吉县土著鱼类生态类型组成见表 3-4、表 3-5。

表 3-4 安吉县土著鱼类生态类型组成表

目、科、种	生态类型
一、鳗鲡目 ANGUILLIFORMES	
（一）鳗鲡科 Anguillidae	
1. 鳗鲡 *Anguilla japonica*	降海洄游型
二、鲱形目 CLUPEIFORMES	
（二）鳀科 Engraulidae	
2. 刀鲚 *Coilia nasus*	江河定居型
三、鲤形目 CYPRINIFORMES	
（三）鲤科 Cyprinidae	
3. 中华细鲫 *Aphyocypris chinensis*	江河定居型
4. 马口鱼 *Opsariichthys bidens*	江河定居型、山溪定居型
5. 长鳍马口鱼 *Opsariichthys evolans*	山溪定居型
6. 宽鳍鱲 *Zacco platypus*	山溪定居型
7. 草鱼 *Ctenopharyngodon idella*	江河定居型
8. 青鱼 *Mylopharyngodon piceus*	江河定居型
9. 尖头大吻鱥 *Rhynchocypris oxycephalus*	山溪定居型
10. 赤眼鳟 *Squaliobarbus curriculus*	江河定居型、山溪定居型
11. 达氏鲌 *Culter dabryi*	江河定居型
12. 红鳍鲌 *Culter erythropterus*	江河定居型
13. 蒙古鲌 *Culter mongolicus*	江河定居型
14. 翘嘴鲌 *Culter alburnus*	江河定居型
15. 贝氏鳘 *Hemiculter bleekeri*	江河定居型
16. 鳘 *Hemiculter leucisculus*	江河定居型
17. 鲂 *Megalobrama mantschuricus*	江河定居型
18. 鳊 *Parabramis pekinensis*	江河定居型
19. 海南拟鳘 *Pseudohemiculter hainanensis*	江河定居型
20. 圆吻鲴 *Distoechodon tumirostris*	江河定居型、山溪定居型
21. 似鳊 *Pseudobrama simoni*	江河定居型
22. 银鲴 *Xenocypris macrolepis*	江河定居型
23. 黄尾鲴 *Xenocypris davidi*	江河定居型
24. 细鳞鲴 *Plagiognathops microlepis*	江河定居型
25. 鳙 *Hypophthalmichthys nobilis*	江河定居型
26. 鲢 *Hypophthalmichthys molitrix*	江河定居型
27. 兴凯鱊 *Acheilognathus chankaensis*	江河定居型
28. 缺须鱊 *Acheilognathus imberbis*	江河定居型
29. 大鳍鱊 *Acheilognathus macropterus*	江河定居型
30. 斜方鱊 *Acheilognathus rhombeus*	江河定居型、山溪定居型
31. 方氏鳑鲏 *Rhodeus fangi*	江河定居型、山溪定居型
32. 高体鳑鲏 *Rhodeus ocellatus*	江河定居型、山溪定居型
33. 中华鳑鲏 *Rhodeus sinensis*	江河定居型、山溪定居型
34. 齐氏田中鳑鲏 *Tanakia chii*	江河定居型、山溪定居型
35. 棒花鱼 *Abbottina rivularis*	江河定居型、山溪定居型

续表

目、科、种	生态类型
36. 似鮈 *Belligobio nummifer*	江河定居型、山溪定居型
37. 细纹颌须鮈 *Gnathopogon taeniellus*	山溪定居型
38. 花鲭 *Hemibarbus maculatus*	江河定居型
39. 唇鮴 *Hemibarbus labeo*	江河定居型
40. 胡鮈 *Huigobio chenhsienensis*	山溪定居型
41. 麦穗鱼 *Pseudorasbora parva*	江河定居型
42. 黑鳍鳈 *Sarcocheilichthys nigripinnis*	江河定居型
43. 小鳈 *Sarcocheilichthys parvus*	山溪定居型
44. 华鳈 *Sarcocheilichthys sinensis*	江河定居型
45. 蛇鮈 *Saurogobio dabryi*	江河定居型
46. 银鮈 *Squalidus argentatus*	江河定居型
47. 点纹银鮈 *Squalidus wolterstorffi*	江河定居型、山溪定居型
48. 鲫 *Carassius auratus*	江河定居型、山溪定居型
49. 鲤 *Cyprinus carpio*	江河定居型
50. 光唇鱼 *Acrossocheilus fasciatus*	山溪定居型
（四）花鳅科 Cobitidae	
51. 中华花鳅 *Cobitis sinensis*	江河定居型、山溪定居型
52. 短鳍花鳅 *Cobitis brevipinna*	山溪定居型
53. 泥鳅 *Misgurnus anguillicaudatus*	江河定居型、山溪定居型
54. 大鳞副泥鳅 *Paramisgurnus dabryanus*	江河定居型
（五）爬鳅科 Balitoridae	
55. 浙江原缨口鳅 *Vanmanenia stenosoma*	山溪定居型
四、鲇形目 SILURIFORMES	
（六）钝头鮠科 Amblycipitidae	
56. 鳗尾鮠 *Liobagrus anguillicauda*	山溪定居型
（七）鲇科 Siluridae	
57. 鲇 *Silurus asotus*	江河定居型、山溪定居型
58. 大口鲇 *Silurus meridionalis*	江河定居型
（八）鲿科 Bagridae	
59. 黄颡鱼 *Pseudobagrus fulvidraco*	江河定居型
60. 盎堂拟鲿 *Pseudobagrus ondon*	山溪定居型
61. 切尾拟鲿 *Pseudobagrus truncatus*	江河定居型
五、鲈形目 PERCIFORMES	
（九）鮨鲈科 Pecichthyidae	
62. 翘嘴鳜 *Siniperca chuatsi*	江河定居型
（十）沙塘鳢科 Odontobutidae	
63. 小黄黝鱼 *Micropercops swinhonis*	江河定居型
64. 河川沙塘鳢 *Odontobutis potamophila*	江河定居型、山溪定居型
（十一）虾虎鱼科 Gobiidae	
65. 真吻虾虎鱼 *Rhinogobius similis*	江河定居型、山溪定居型
66. 雀斑吻虾虎鱼 *Rhinogobius lentiginis*	山溪定居型
67. 波氏吻虾虎鱼 *Rhinogobius cliffordpopei*	江河定居型、山溪定居型
68. 密点吻虾虎鱼 *Rhinogobius multimaculatus*	山溪定居型

续表

目、科、种	生态类型
（十二）斗鱼科 Osphronemidae	
69. 圆尾斗鱼 *Macropodus ocellatus*	江河定居型
（十三）鳢科 Channidae	
70. 乌鳢 *Channa argus*	江河定居型
六、颌针鱼目 BELONIFORMES	
（十四）大颌鳉科 Adrianichthyidae	
71. 青鳉 *Oryzias latipes*	江河定居型
（十五）鱵科 Hemiramphidae	
72. 间下鱵 *Hyporhamphus intermedius*	江河定居型
七、合鳃鱼目 SYNBRANCHIFORMES	
（十六）合鳃鱼科 Synbranchidae	
73. 黄鳝 *Monopterus albus*	江河定居型、山溪定居型
（十七）刺鳅科 Mastacembelidae	
74. 中华光盖刺鳅 *Sinobdella sinensis*	江河定居型、山溪定居型

表 3-5　安吉县土著鱼类生态类型组成分析

生态类型	种数	占比
山溪定居型	34	34.25%
江河定居型	60	79.45%
溯河洄游型	0	0%
降海洄游型	1	1.37%

注：部分鱼类兼具两种生态类型。

3.5　珍稀濒危及中国特有种

3.5.1　珍稀濒危及中国特有鱼类概况

调查发现，安吉县有国家二级重点保护野生鱼类 1 种（胭脂鱼），但并非安吉县土著物种，其原产于长江干流与闽江，判断为养殖逃逸。安吉县分布中国鱼类特有种 18 种；《IUCN 红色名录》列为濒危（EN）的 1 种（鳗鲡），易危（VU）的 1 种（鲤）；《中国生物多样性红色名录》列为濒危（EN）的 1 种（鳗鲡）。

安吉县珍稀濒危及中国特有鱼类见表 3-6。

表 3-6　安吉县珍稀濒危及中国特有鱼类组成表

物种	《IUCN红色名录》	《中国生物多样性红色名录》	中国特有种	保护等级
鳗鲡 *Anguilla japonica*	EN	EN		
似鳊 *Pseudobrama simoni*			√	
缺须鱊 *Acheilognathus imberbis*			√	
齐氏田中鳑鲏 *Tanakia chii*			√	

续表

物种	《IUCN 红色名录》	《中国生物多样 性红色名录》	中国特有种	保护等级
似鮈 *Belligobio nummifer*			√	
细纹颌须鮈 *Gnathopogon taeniellus*			√	
胡鮈 *Huigobio chenhsienensis*			√	
点纹银鮈 *Squalidus wolterstorffi*			√	
鲤 *Cyprinus carpio*	VU			
光唇鱼 *Acrossocheilus fasciatus*			√	
短鳍花鳅 *Cobitis brevipinna*			√	
浙江原缨口鳅 *Vanmanenia stenosoma*			√	
鳗尾鮠 *Liobagrus anguillicauda*			√	
大口鲇 *Silurus meridionalis*			√	
盎堂拟鲿 *Pseudobagrus ondon*			√	
切尾拟鲿 *Pseudobagrus truncatus*			√	
河川沙塘鳢 *Odontobutis potamophila*			√	
雀斑吻虾虎鱼 *Rhinogobius lentiginis*			√	
密点吻虾虎鱼 *Rhinogobius multimaculatus*			√	
中华光盖刺鳅 *Sinobdella sinensis*			√	
胭脂鱼 *Myxocyprinus asiaticus* ※			√	国家二级

注:①《中国生物多样性红色名录》和《IUCN 红色名录》中,"EN"表示濒危;"VU"表示易危。

②"※"表示引入种。

3.5.2　重要物种描述

密点吻虾虎鱼 *Rhinogobius multimaculatus* (Wu & Zheng,1985)　　(图 3-2)

鲈形目 PERCIFORMES　　虾虎鱼科 Gobiidae

【资源现状与分布】　中国特有种,仅分布于苕溪水系,模式产地位于安吉递铺。小型非经济鱼类,栖息于水质良好的溪流环境中。

【分布地区】　报福镇、章村镇、递铺街道。

图 3-2　密点吻虾虎鱼

雀斑吻虾虎鱼 *Rhinogobius lentiginis*（Wu & Zheng，1985） （图 3-3）

鲈形目 PERCIFORMES　　虾虎鱼科 Gobiidae

【资源现状与分布】　中国特有种,分布于浙江北部各水系,为小型非经济鱼类,栖息于水质良好的溪流环境中。

【分布地区】　上墅乡。

图 3-3　雀斑吻虾虎鱼

似鱎 *Belligobio nummifer*（Boulenger，1901） （图 3-4）

鲤形目 CYPRINIFORMES　　鲤科 Cyprinidae

【资源现状与分布】　数量不多,为比较少见的小型鱼类,栖息于较大的溪流或河流中。

【分布地区】　递铺街道。

图 3-4　似鱎

细纹颌须鮈 *Gnathopogon taeniellus*（Nichols，1925）（图 3-5）

鲤形目 CYPRINIFORMES　　鲤科 Cyprinidae

【资源现状与分布】　溪流鱼类，偏爱相对平缓的较大溪流。

【分布地区】　报福镇、溪龙乡、上墅乡。

图 3-5　细纹颌须鮈

胡鮈 *Huigobio chenhsienensis*（Fang，1938）（图 3-6）

鲤形目 CYPRINIFORMES　　鲤科 Cyprinidae

【资源现状与分布】　喜宽阔平缓的溪流，成群在石块上刮食藻类。

【分布地区】　上墅乡。

图 3-6　胡鮈

短鳍花鳅 *Cobitis brevipinna*（Chen & Chen,2017） （图 3-7）

鲤形目 CYPRINIFORMES　　花鳅科 Cobitidae

【资源现状与分布】　2017 年发表的新种，中国特有种，仅发现于西苕溪。

【分布地区】　上墅乡。

图 3-7　短鳍花鳅

浙江原缨口鳅 *Vanmanenia stenosoma*（Boulenger,1901） （图 3-8）

鲤形目 CYPRINIFORMES　　爬鳅科 Balitoridae

【资源现状与分布】　栖息于水流湍急的溪流中。

【分布地区】　杭垓镇、报福镇、章村镇、溪龙乡、上墅乡、递铺街道。

图 3-8　浙江原缨口鳅

鳗尾鮠 *Liobagrus anguillicauda* Nichols，1926　　　　　　　　　　（图 3-9）

鲇形目 SILURIFORMES　　　钝头鮠科 Amblycipitidae

【资源现状与分布】　罕见的小型溪流鱼类，夜行性，以水生无脊椎动物为食。

【分布地区】　章村镇。

图 3-9　鳗尾鮠

盎堂拟鲿 *Pseudobagrus ondon* Shaw，1930　　　　　　　　　　（图 3-10）

鲇形目 SILURIFORMES　　　鲿科 Bagridae

【资源现状与分布】　溪流中常见的夜行性鱼类，喜食鱼虾。

【分布地区】　杭垓镇、报福镇、章村镇、溪龙乡、上墅乡、递铺街道。

图 3-10　盎堂拟鲿

中华花鳅 *Cobitis sinensis* Sauvage & Dabry de Thiersant，1874　　　　　（图 3-11）

鲤形目 CYPRINIFORMES　　　花鳅科 Cobitidae

【资源现状与分布】　常见的底栖鱼类，在宽阔溪流、河流和湖泊内均有分布。

【分布地区】　安吉县所有乡镇（街道）。

图 3-11　中华花鳅

长鳍马口鱼 *Opsariichthys evolans*（Jordan & Evermann，1902）　　（图 3-12）

鲤形目 CYPRINIFORMES　　　鲤科 Cyprinidae

【资源现状与分布】　常见的溪流鱼类，雄鱼在发情季节体色艳丽，可作为观赏鱼。

【分布地区】　杭垓镇、报福镇、溪龙乡、上墅乡。

图 3-12　长鳍马口鱼

宽鳍鱲 *Zacco platypus* Temminck & Schlegel,1846　　　　　　　　（图 3-13）

鲤形目 CYPRINIFORMES　　　鲤科 Cyprinidae

【资源现状与分布】　常见的溪流鱼类,雄鱼在发情季节体色艳丽,可作为观赏鱼。

【分布地区】　报福镇、章村镇、递铺街道。

图 3-13　宽鳍鱲

第4章 两栖类资源

4.1 调查路线和时间

根据地形地貌,选择溪流、沟谷、农田、道路旁等不同生境,在 208 个调查样区内设置 416 条调查样线。每条样线设计长度 500m,每个样区设 2 条样线。

2019 年 4—5 月、2019 年 6—8 月、2020 年 4—5 月、2020 年 6—7 月、2020 年 9—10 月开展野外样线调查及标本采集。调查日当天日落前 0.5h 至日落后 4h 进行。

4.2 调查方法和物种鉴定

4.2.1 调查方法

两栖类调查方法以样线法和鸣声计数法为主,访问法和历史文献资料收集整理作为补充。两栖类大多昼伏夜出,以夜晚调查为主。

（1）样线法

在调查样区内,沿选定的一条路线,记录一定空间范围内出现的物种的相关信息。

（2）鸣声计数法

在繁殖季节,通过动物的鸣声确定物种种类、评估种群数量。

（3）访问法

在调查区域的村落进行访谈,通过照片等指认对比,咨询当地居民,从而确定两栖类物种种类和分布范围。

4.2.2 物种鉴定及命名

物种鉴定依据《浙江动物志·两栖类 爬行类》《中国两栖动物检索及图解》《中国两栖动物及其分布彩色图鉴》《中国脊椎动物红色名录》、中国科学院昆明动物研究所中国两栖类信息系统等进行。

有选择性地采集个体标本,用于测定形态数据和分类鉴定。量度采用电子数显游标卡尺,精确到 0.1mm。标本在野外先以 8%～10% 福尔马林溶液固定,回到室内,经清水冲洗,最终以 75% 酒精保存。存疑物种在福尔马林溶液固定前进行肝脏取样,用于后续的物种基因测序鉴定（DNA 条形码技术）。

4.3　物种多样性

4.3.1　物种组成

调查共记录安吉县两栖类动物 27 种,隶属 2 目 9 科 19 属,占全省两栖类动物总数的 55.1%。其中,有尾目 2 科 4 属 4 种,无尾目 7 科 15 属 23 种。安吉县两栖类中,蛙科为主要组成,占安吉县两栖类物种数的 44.45%。

安吉县两栖类物种组成见表 4-1。

表 4-1　安吉县两栖类物种组成表

目、科、种	中国特有种	保护级别	《中国生物多样性红色名录》	分布型	地理区系
一、有尾目 CAUDATA					
（一）小鲵科 Hynobiidae					
1. 安吉小鲵 *Hynobius amjiensis*	√	国家一级	CR	Si	C
（二）蝾螈科 Salamandridae					
2. 东方蝾螈 *Cynops orientalis*	√	省重点	NT	Se	C
3. 秉志肥螈 *Pachytriton granulosus*	√	省重点	DD	Se	C
4. 中国瘰螈 *Paramesotriton chinensis*	√	国家二级	NT	Se	S/C
二、无尾目 ANURA					
（三）角蟾科 Megophryidae					
5. 淡肩角蟾 *Megophrys boettgeri*	√	省一般	LC	Sd	S/C
（四）蟾蜍科 Bufonidae					
6. 中华蟾蜍 *Bufo gargarizans*		省一般	LC	Eg	广布
（五）雨蛙科 Hylidae					
7. 中国雨蛙 *Hyla chinensis*		省重点	LC	Sd	O
8. 三港雨蛙 *Hyla sanchiangensis*	√	省重点	LC	Si	S/C
（六）姬蛙科 Microhylidae					
9. 饰纹姬蛙 *Microhyla fissipes*		省一般	LC	Wc	O
10. 小弧斑姬蛙 *Microhyla heymonsi*		省一般	LC	Wc	O
（七）叉舌蛙科 Dicroglossidae					
11. 泽陆蛙 *Fejervarya multistriata*		省一般	LC	We	广布
12. 九龙棘蛙 *Quasipaa jiulongensis*	√	省重点	VU	Si	C
13. 棘胸蛙 *Quasipaa spinosa*	√	省重点	VU	Sc	S/C
（八）蛙科 Ranidae					
14. 武夷湍蛙 *Amolops wuyiensis*	√	省一般	LC	Si	C
15. 天台粗皮蛙 *Glandirana tientaiensis*	√	省重点	NT	Si	C

续表

目、科、种	中国特有种	保护级别	《中国生物多样性红色名录》	分布型	地理区系
16. 弹琴蛙 Nidirana adenopleura	√	省一般	LC	Sc	O
17. 阔褶水蛙 Hylarana latouchii	√	省一般	LC	Se	S/C
18. 小竹叶蛙 Odorrana exiliversabilis	√		NT	Si	C
19. 大绿臭蛙 Odorrana graminea		省重点	LC	Wc	S/C
20. 天目臭蛙 Odorrana tianmuii	√	省重点	LC	Si	C
21. 凹耳臭蛙 Odorrana tormota	√	省重点	VU	Si	C
22. 黑斑侧褶蛙 Pelophylax nigromaculatus		省一般	NT	Ea	广布
23. 金线侧褶蛙 Pelophylax plancyi	√	省一般	LC	E	广布
24. 镇海林蛙 Rana zhenhaiensis	√	省一般	LC	Sd	C
(九)树蛙科 Rhacophoridae					
25. 斑腿泛树蛙 Polypedates megacephalus		省重点	LC	Wd	S/C
26. 布氏泛树蛙 Polypedates braueri			LC	Wd	S/C
27. 大树蛙 Zhangixalus dennysi		省重点	LC	Sc	S/C

注：①《中国生物多样性红色名录》中，"CR"表示极危；"EN"表示濒危；"VU"表示易危；"NT"表示近危；"LC"表示无危；"DD"表示数据缺乏。

②分布型中，"E"表示季风型；"Ea"季风区型，包括阿穆尔或再延展至俄罗斯远东地区；"Eg"表示季风区型，包括乌苏里、朝鲜；"Sc"表示南中国型热带—中亚热带；"Sd"表示南中国型热带—北亚热带；"Se"表示南中国型南亚热带—中亚热带；"Si"表示南中国型中亚热带；"Wc"表示东洋型热带—中亚热带；"Wd"表示东洋型热带—北亚热带；"We"表示东洋型热带—温带。

③地理区系中，"O"表示东洋界华中华南西南区分布；"C"表示东洋界华中区分布；"S/C"表示东洋界华中区和华南区分布；"广布"表示东洋界和古北界分布。

根据 G-F 指数计算公式(根据《鸟兽物种多样性测度的 G-F 指数方法》)，获得安吉县两栖类物种的 G 指数、F 指数(表 4-2)。

表 4-2　安吉县两栖类 F 指数、G 指数、G-F 指数

名称	物种数	科数	属数	F 指数	G 指数	G-F 指数
数量	27	9	19	4.220033	2.833739	0.328503

安吉县以山地、丘陵为主，自西向东依次为山地、丘陵、水网平原。物种种类自西南向东北依次减少。由表 4-2 可见，安吉县的两栖类物种在科内和科间的多样性、属内和属间的多样性较高，这与安吉县丰富多样的生境类型有关。

4.3.2　调查新发现

在历史记录的基础上，本次调查新发现安吉县两栖类新分布记录 3 种(表 4-3)。

表 4-3　安吉县两栖类新分布记录

序号	中文名	拉丁名
1	小弧斑姬蛙	*Microhyla heymonsi*
2	武夷湍蛙	*Amolops wuyiensis*
3	布氏泛树蛙	*Polypedates braueri*

4.3.3　种群数量估算

根据第 2 章介绍的数据处理方法对样线上调查到的两栖类物种进行种群数量估算。本次调查中，根据样线结果共记录两栖类物种 19 种，占安吉县两栖类种类总数的 70.37%，种群数量估算结果见表 4-4。

表 4-4　安吉县两栖类种群数量估算

序号	物种	记录次数	估算数量/万只
1	中华蟾蜍	456	373.49～424.66
2	泽陆蛙	373	991.75～1227.79
3	镇海林蛙	147	151.95～196.08
4	阔褶水蛙	37	47.71～85.46
5	布氏泛树蛙	65	64.63～112.93
6	武夷湍蛙	27	41.93～65.5
7	棘胸蛙	22	32.84～55.05
8	大树蛙	45	23.69～75.75
9	凹耳臭蛙	18	16.24～26.37
10	小弧斑姬蛙	17	29.28～52.40
11	淡肩角蟾	43	68.56～113.44
12	秉志肥螈	16	20.90～47.46
13	天目臭蛙	40	59.64～116.14
14	黑斑侧褶蛙	93	376.02～551.75
15	饰纹姬蛙	53	180.05～331.33
16	金线侧褶蛙	30	92.18～199.02
17	中国雨蛙	4	记录样本过少，不做估算
18	大绿臭蛙	2	记录样本过少，不做估算
19	东方蝾螈	2	记录样本过少，不做估算

文献整理和非样线内记录两栖类物种 8 种，占总数的 29.63%。由于非样线结果不适用于种群数量计算公式，因此无法对种群数量进行估算。

由表 4-4 可见，安吉县记录次数最多的是中华蟾蜍，其次是泽陆蛙、镇海林蛙、黑斑侧褶蛙和饰纹姬蛙；而调查记录的数量最多的是泽陆蛙，其次是黑斑侧褶蛙、中华蟾蜍、饰纹姬蛙和镇海林蛙。究其原因，中华蟾蜍适应性分布极强，在山地、丘陵、农田住宅及河流附近都可以看到，但是为分散的点状分布；而泽陆蛙和黑斑侧褶蛙都是偏向分布于水体潮湿环境，如水田、水塘、临时性水坑附近，同一块稻田中可能分布数十只到上百只个体,故而呈现聚集的块状分布。

4.4 生态类型和优势种

安吉县两栖类物种以流水型和陆栖-静水型为主,占安吉县两栖类物种数的
62.96%,优势种为黑斑侧褶蛙和泽陆蛙。安吉县中部到北部为广袤的平原地区,为流水
型和陆栖-静水型两栖类提供了良好的生存繁殖空间。安吉县树栖型和陆栖-流水型两
栖类物种数量次之,占安吉县两栖类物种数的29.63%,优势种为淡肩角蟾、布氏泛树蛙
和大树蛙,主要分布于安吉县的大小溪流及溪流沿线竹林、阔叶林等,分布广泛。安吉县
静水型两栖类最少,占安吉县两栖类物种数的7.41%,优势种为金线侧褶蛙,多分布于平
原水塘、河道两岸植物茂密处,昼伏夜出,较难观察。安吉两栖类生态类型和丰富度见表
4-5。

表 4-5 安吉两栖类生态类型和丰富度

中文名	拉丁名	丰富度	数据来源	生态类型
一、有尾目	CAUDATA			
(一)小鲵科	Hynobiidae			
1.安吉小鲵	*Hynobius amjiensis*	+	S	TQ
(二)蝾螈科	Salamandridae			
2.东方蝾螈	*Cynops orientalis*	+	S	TQ
3.秉志肥螈	*Pachytriton granulosus*	++	S	R
4.中国瘰螈	*Paramesotriton chinensis*	+	D	TR
二、无尾目	ANURA			
(三)角蟾科	Megophryidae			
5.淡肩角蟾	*Megophrys boettgeri*	++	S	TR
(四)蟾蜍科	Bufonidae			
6.中华蟾蜍	*Bufo gargarizans*	+++	S	TQ
(五)雨蛙科	Hylidae			
7.中国雨蛙	*Hyla chinensis*	+	S	A
8.三港雨蛙	*Hyla sanchiangensis*	+	D	A
(六)姬蛙科	Microhylidae			
9.饰纹姬蛙	*Microhyla fissipes*	+++	S	TQ
10.小弧斑姬蛙	*Microhyla heymonsi*	++	S	TQ
(七)叉舌蛙科	Dicroglossidae			
11.泽陆蛙	*Fejervarya multistriata*	++++	S	TQ
12.九龙棘蛙	*Quasipaa jiulongensis*	+	D	R
13.棘胸蛙	*Quasipaa spinosa*	++	S	R
(八)蛙科	Ranidae			
14.武夷湍蛙	*Amolops wuyiensis*	++	S	R
15.天台粗皮蛙	*Glandirana tientaiensis*	+	D	TR
16.弹琴蛙	*Nidirana adenopleura*	+	D	Q

中文名	拉丁名	丰富度	数据来源	生态类型
17. 阔褶水蛙	*Hylarana latouchii*	++	S	TQ
18. 小竹叶蛙	*Odorrana exiliversabilis*	+	D	R
19. 大绿臭蛙	*Odorrana graminea*	+	S	R
20. 天目臭蛙	*Odorrana tianmuii*	++	S	R
21. 凹耳臭蛙	*Odorrana tormota*	+	S	TR
22. 黑斑侧褶蛙	*Pelophylax nigromaculatus*	++++	S	TQ
23. 金线侧褶蛙	*Pelophylax plancyi*	++	S	Q
24. 镇海林蛙	*Rana zhenhaiensis*	+++	S	TQ
（九）树蛙科	Rhacophoridae			
25. 斑腿泛树蛙	*Polypedates megacephalus*	+	S	A
26. 布氏泛树蛙	*Polypedates braueri*	++	S	A
27. 大树蛙	*Zhangixalus dennysi*	++	S	A

注：①丰富度中，"++++"表示优势种；"+++"表示常见种；"++"表示偶见种；"+"表示罕见种。

②数据来源中，"D"表示来自历史文献资料；"S"表示来自野外调查。

③生态类型中，"A"表示树栖型；"Q"表示静水型；"R"表示流水型；"TQ"表示陆栖-静水型；"TR"表示陆栖-流水型。

4.5 区系和分布特征

如表 4-1 所示，在安吉县记录的 27 种两栖类物种中，主要以南中国型为主，共计 18 种，分别为安吉小鲵、东方蝾螈、秉志肥螈、中国瘰螈、淡肩角蟾、中国雨蛙、三港雨蛙、九龙棘蛙、棘胸蛙、武夷湍蛙、天台粗皮蛙、弹琴蛙、阔褶水蛙、小竹叶蛙、天目臭蛙、凹耳臭蛙、镇海林蛙、大树蛙，占安吉县两栖类物种总数的 66.67%；东洋型共有 6 种，分别为饰纹姬蛙、小弧斑姬蛙、泽陆蛙、大绿臭蛙、斑腿泛树蛙、布氏泛树蛙，占总数的 22.22%；季风区型共有 3 种，分别为中华蟾蜍、金线侧褶蛙和黑斑侧褶蛙，占总数的 11.11%。

如表 4-1 所示，两栖类物种中，广布种有 4 种，分别为中华蟾蜍、泽陆蛙、黑斑侧褶蛙和金线侧褶蛙，占安吉县两栖类物种总数的 14.81%；东洋界华中华南西南区物种有 5 种，分别为中国雨蛙、饰纹姬蛙、小弧斑姬蛙、弹琴蛙、斑腿泛树蛙，占总数的 18.52%；东洋界华中区和华南区物种有 8 种，分别为中国瘰螈、淡肩角蟾、三港雨蛙、棘胸蛙、阔褶水蛙、大绿臭蛙、布氏泛树蛙、大树蛙，占总数的 29.63%；东洋界华中区物种有 10 种，分别为安吉小鲵、东方蝾螈、秉志肥螈、九龙棘蛙、武夷湍蛙、天台粗皮蛙、小竹叶蛙、天目臭蛙、凹耳臭蛙、镇海林蛙，占总数的 37.04%。

由此可见，安吉县是两栖类动物南中国型种类、东洋型种类相互渗透扩散的过渡地带。

4.6　珍稀濒危及中国特有种

4.6.1　珍稀濒危及中国特有两栖类概况

根据《国家重点保护野生动物名录》(2021)和《浙江省重点保护陆生野生动物名录》，安吉县两栖类中，国家一级重点保护野生动物有安吉小鲵1种；国家二级重点保护野生动物有中国瘰螈1种；浙江省重点保护野生动物有东方蝾螈、秉志肥螈、中国雨蛙、三港雨蛙、九龙棘蛙、棘胸蛙、天台粗皮蛙、大绿臭蛙、天目臭蛙、凹耳臭蛙、斑腿泛树蛙、大树蛙等12种(表4-1)。

根据《中国生物多样性红色名录》，安吉县两栖类中，极危(CR)物种1种，即安吉小鲵；易危(VU)物种3种，分别为棘胸蛙、九龙棘蛙和凹耳臭蛙。

根据《IUCN红色名录》，安吉县两栖类中，极危(CR)物种1种，为安吉小鲵；易危(VU)物种4种，为九龙棘蛙、棘胸蛙、武夷湍蛙、凹耳臭蛙。

根据《中国动物地理》，安吉县分布的两栖类中，中国特有种较多，有安吉小鲵、东方蝾螈、秉志肥螈、中国瘰螈、淡肩角蟾、三港雨蛙、九龙棘蛙、棘胸蛙、武夷湍蛙、天台粗皮蛙、弹琴蛙、阔褶水蛙、小竹叶蛙、天目臭蛙、凹耳臭蛙、金线侧褶蛙、镇海林蛙等17种(表4-1)。

4.6.2　重要物种描述

安吉小鲵 *Hynobius amjiensis* Gu,1992　　　　　　　　　　　　　(图4-1)

有尾目 CAUDATA　　　小鲵科 Hynobiidae

【保护等级】　国家一级重点保护野生动物。

【濒危等级】　《中国生物多样性红色名录》极危(CR)。

【分布地区】　仅分布于浙江安吉小鲵国家级自然保护区千亩田沼泽地。

图4-1　安吉小鲵

中国瘰螈 *Paramesotriton chinensis*（Gray，1859）　　　　　　　　（图 4-2）

有尾目 CAUDATA　　　蝾螈科 Salamandridae

【保护等级】　国家二级重点保护野生动物。

【濒危等级】　《中国生物多样性红色名录》近危（NT）。

【分布地区】　章村镇等低海拔宽阔溪流及附近。

图 4-2　中国瘰螈

棘胸蛙 *Quasipaa spinosa*（David，1875）　　　　　　　　　　　（图 4-3）

无尾目 ANURA　　　叉舌蛙科 Dicroglossidae

【保护等级】　浙江省重点保护野生动物。

【濒危等级】　《中国生物多样性红色名录》易危（VU）；《IUCN 红色名录》易危（VU）。

【分布地区】　杭垓镇、章村镇、报福镇、上墅乡、天子湖镇、天荒坪镇、山川乡、昌硕街道、
梅溪镇等区域的溪流。

图 4-3　棘胸蛙

九龙棘蛙 *Quasipaa jiulongensis*（Huang and Liu, 1985）　　　　　　（图 4-4）

无尾目 ANURA　　　叉舌蛙科 Dicroglossidae

【保护等级】　浙江省重点保护野生动物。

【濒危等级】　《中国生物多样性红色名录》易危（VU）;《IUCN 红色名录》易危（VU）。

【分布地区】　章村镇等高海拔区域的溪流。

图 4-4　九龙棘蛙

凹耳臭蛙 *Odorrana tormota*（Wu, 1977）　　　　　　　　　　　　（图 4-5）

无尾目 ANURA　　　蛙科 Ranidae

【保护等级】　浙江省重点保护野生动物。

【濒危等级】　《中国生物多样性红色名录》易危（VU）;《IUCN 红色名录》易危（VU）。

【分布地区】　杭垓镇、章村镇、孝丰镇、报福镇、鄣吴镇、溪龙乡、天荒坪镇、山川乡、昌硕街道、梅溪镇等周边低海拔区域的中大型溪流。

图 4-5　凹耳臭蛙

第 5 章   爬行类资源

5.1   调查路线和时间

调查样线设置与两栖类相同。

于 2019 年 5—6 月、2019 年 9—11 月、2020 年 4—5 月、2020 年 6—7 月和 2020 年 9—10 月进行 5 次野外调查。调查日当天的白天及日落前 0.5h 至日落后 4h 进行。

5.2   调查方法和物种鉴定

5.2.1   调查方法

爬行类动物大多昼伏夜出,但也有部分为日行性,因此爬行类的样线调查在白天和夜晚都要开展。白天选择在农田及其道路旁、开阔的林缘地带等多生境开展调查,记录目击的日行性爬行类;夜晚选择在日落前 0.5h 至日落后 4h 进行,与两栖类样线调查类似,通过头灯照明、目击爬行类实体或蛇蜕痕迹,并用 GPS 记录观察到的爬行类的位置,通过相机拍摄记录物种形态、行为及生境信息。

5.2.2   物种鉴定及命名

物种鉴定依据《中国蛇类》《中国动物志·爬行纲》《浙江动物志·两栖类 爬行类》《中国爬行纲动物分类厘定》《中国脊椎动物红色名录》等进行。

有选择性地采集个体标本,用于测定形态数据和分类鉴定。量度采用电子数显游标卡尺,精确到 0.1mm。标本在野外先以 8%～10%福尔马林溶液固定,回到室内,经清水冲洗,最终以 75%酒精保存。存疑物种在福尔马林溶液固定前进行肝脏取样,用于后续的物种基因测序鉴定(DNA 条形码技术)。

5.3   物种多样性

5.3.1   物种组成

安吉县动物调查共记录爬行类物种 48 种,分属 3 目 16 科 40 属,其中鳄形目 1 科 1 属 1 种,龟鳖目 3 科 4 属 4 种,有鳞目 12 科 35 属 43 种。有鳞目中,游蛇科占安吉县爬行类物种数量的 29.17%,是安吉县爬行类物种的主要组成部分。

安吉县爬行类物种组成见表 5-1。

表 5-1　安吉县爬行类物种组成表

目、科、种		中国特有种	保护等级	《中国生物多样性红色名录》	分布型	地理区系
一、鳄形目	CROCODYLIA					
（一）鼍科	Alligatoridae					
1. 扬子鳄	*Alligator sinensis*	√	国家一级	CR	S	C
二、龟鳖目	TESUDINES					
（二）鳖科	Trionychidae					
2. 中华鳖	*Pelodiscus sinensis*			EN	Ea	广布
（三）平胸龟科	Platysternidae					
3. 平胸龟	*Platysternon megacephalum*		国家二级	CR	Wc	S/C
（四）地龟科	Geoemydidae					
4. 乌龟	*Mauremys reevesii*		国家二级	EN	Sm	广布
5. 黄缘闭壳龟	*Cuora flavomarginata*		国家二级	CR	Sc	S/C
三、有鳞目	SQUAMATA					
（五）壁虎科	Gekkonidae					
6. 铅山壁虎	*Gekko hokouensis*	√	省一般	LC	Si	S/C
7. 多疣壁虎	*Gekko japonicus*		省一般	LC	Sh	S/C
（六）石龙子科	Scincidae					
8. 铜蜓蜥	*Sphenomorphus indicus*		省一般	LC	We	O
9. 中国石龙子	*Plestiodon chinensis*		省一般	LC	Sm	S/C
10. 蓝尾石龙子	*Plestiodon elegans*		省一般	LC	Sf	S/C
11. 宁波滑蜥	*Scincella modesta*	√	省重点	LC	Sh	C
（七）蜥蜴科	Lacertidae					
12. 北草蜥	*Takydromus septentrionalis*	√	省一般	LC	E	O
（八）蛇蜥科	Anguidae					
13. 脆蛇蜥	*Dopasia harti*		国家二级	EN	Sb	O
（九）钝头蛇科	Pareatidae					
14. 中国钝头蛇	*Pareas chinensis*	√	省一般	LC	Se	O
（十）蝰科	Viperidae					
15. 原矛头蝮	*Protobothrops mucrosquamatus*		省一般	LC	Sd	O
16. 尖吻蝮	*Deinagkistrodon acutus*	√	省重点	EN	Sc	S/C
17. 台湾烙铁头蛇	*Ovophis makazayazaya*		省一般	NT	Wc	O
18. 福建竹叶青蛇	*Viridovipera stejnegeri*		省一般	LC	We	O
19. 短尾蝮	*Gloydius brevicaudus*		省一般	NT	E	广布
（十一）水蛇科	Homalopsidae					
20. 中国水蛇	*Myrrophis chinensis*			VU	Sc	S/C
21. 铅色水蛇	*Hypsiscopus plumbea*			VU	Wc	S/C

续表

目、科、种		中国特有种	保护等级	《中国生物多样性红色名录》	分布型	地理区系
(十二)眼镜蛇科	Elapidae					
22.银环蛇	*Bungarus multicinctus*		省一般	EN	Sc	O
23.舟山眼镜蛇	*Naja atra*		省重点	VU	Wc	S/C
24.中华珊瑚蛇	*Sinomicrurus macclellandi*		省一般	VU	Wc	O
(十三)游蛇科	Colubridae					
25.绞花林蛇	*Boiga kraepelini*	√	省一般	LC	Sc	O
26.中国小头蛇	*Oligodon chinensis*		省一般	LC	Sc	S/C
27.饰纹小头蛇	*Oligodon ornatus*	√	省一般	NT	Si	O
28.翠青蛇	*Cyclophiops major*		省一般	LC	Sv	O
29.乌梢蛇	*Ptyas dhumnades*	√	省一般	VU	Wc	O
30.灰腹绿锦蛇	*Gonyosoma frenatum*		省一般	LC	Se	SW/C
31.黄链蛇	*Lycodon flavozonatus*		省一般	LC	Sc	O
32.黑背白环蛇	*Lycodon ruhstrati*		省一般	LC	Sd	O
33.赤链蛇	*Lycodon rufozonatus*		省一般	LC	Ed	广布
34.玉斑锦蛇	*Euprepiophis mandarinus*		省重点	VU	Sd	广布
35.双斑锦蛇	*Elaphe bimaculata*	√	省一般	LC	Sh	C
36.王锦蛇	*Elaphe carinata*		省重点	EN	Sd	广布
37.黑眉锦蛇	*Elaphe taeniura*		省重点	EN	We	广布
38.红纹滞卵蛇	*Oocatochus rufodorsatus*		省一般	LC	Eb	广布
(十四)两头蛇科	Calamariidae					
39.钝尾两头蛇	*Calamaria septentrionalis*		省一般	LC	Sc	O
(十五)水游蛇科	Natricidae					
40.草腹链蛇	*Amphiesma stolatum*		省一般	LC	We	S/C
41.锈链腹链蛇	*Hebius craspedogaster*	√	省一般	LC	Sh	O
42.颈棱蛇	*Pseudoagkistrodon rudis*	√	省一般	LC	Sh	O
43.虎斑颈槽蛇	*Rhabdophis tigrinus*		省一般	LC	Ea	广布
44.黄斑渔游蛇	*Xenochrophis flavipunctatus*			LC	Wc	O
45.山溪后棱蛇	*Opisthotropis latouchii*	√	省一般	LC	Si	S/C
46.赤链华游蛇	*Trimerodytes annularis*			VU	Sc	S/C
47.乌华游蛇	*Trimerodytes percarinatus*			VU	Sd	O
(十六)剑蛇科	Sibynophiidae					
48.黑头剑蛇	*Sibynophis chinensis*		省一般	LC	Sd	O

注：①《中国生物多样性红色名录》中，"CR"表示极危；"EN"表示濒危；"VU"表示易危；"NT"表示近危；"LC"表示无危。

②分布型中，"E"表示季风区型；"Ea"季风区型，包括阿穆尔或再延展至俄罗斯远东地区；"Eg"表示季风型，包括乌苏里、朝鲜；"S"表示南中国型；"Sb"表示南中国型热带—南亚热带；"Sc"表示南中国型热带—中亚热带；"Sd"表示南中国型热带—北亚热带；"Se"表示南中国型南亚热带—中亚热带；"Sf"表示南中国型南亚热带—北亚热带；"Sh"表示南中国型中亚热带—北亚热带；"Si"表示南中国型中亚热带；"Sm"表示南中国型热带—暖温带；"Sv"表示南中国型热带中温带；"Wc"表示东洋型热带—中亚热带；"Wd"表示东洋型热带—北亚热带；"We"表示东洋型热带—温带。

③地理区系中，"O"表示东洋界华中华南西南区分布；"C"表示东洋界华中区分布；"S/C"表示东洋界华中区和华南区分布；"SW/C"表示东洋界华中区和西南区分布；"广布"表示东洋界和古北界分布。

根据 G-F 指数计算公式(根据《鸟兽物种多样性测度的 G-F 指数方法》),获得安吉县爬行类物种的 G 指数、F 指数(表 5-2)。

表 5-2　安吉县爬行类 F 指数、G 指数、G-F 指数

名称	物种数	科数	属数	F 指数	G 指数	G-F 指数
数量	48	16	40	9.109423	3.618350	0.602790

安吉县以山地、丘陵为主,自西向东依次为山地、丘陵、水网平原,物种数由西南向东北依次降低。安吉县爬行类的 F 指数、G 指数和 G-F 指数反映出安吉县爬行类物种在科内和科间的多样性较高,属内和属间的多样性亦较高,单科种比较少。

5.3.2　调查新发现

本次调查共发现安吉县爬行类新分布记录 9 种,其中属于湖州地区新分布记录的有 5 种(表 5-3)。

表 5-3　安吉县爬行类新分布记录

序号	中文名	拉丁名	备注
1	宁波滑蜥	*Scincella modesta*	湖州新记录
2	中国钝头蛇	*Pareas chinensis*	
3	原矛头蝮	*Protobothrops mucrosquamatus*	
4	中国小头蛇	*Oligodon chinensis*	
5	黑背白环蛇	*Lycodon ruhstrati*	湖州新记录
6	灰腹绿锦蛇	*Gonyosoma frenatum*	湖州新记录
7	钝尾两头蛇	*Calamaria septentrionalis*	湖州新记录
8	山溪后棱蛇	*Opisthotropis latouchii*	
9	黑头剑蛇	*Sibynophis chinensis*	湖州新记录

5.3.3　种群数量估算

根据第 2 章介绍的数据处理方法对样线上调查到的爬行类物种进行种群数量估算。本次调查中,通过样线共记录爬行类物种 29 种,占安吉县两栖类种类总数的 60.42%,种群数量估算结果见表 5-4。

表 5-4　安吉县爬行类种群数量估算

序号	物种	记录次数	估算数量/万只
1	多疣壁虎	165	172.76～219.66
2	赤链蛇	34	14.96～17.89
3	北草蜥	33	14.93～27.69
4	铜蜓蜥	20	8.31～12.11

序号	物种	记录次数	估算数量/万只
5	宁波滑蜥	14	6.37～10.50
6	乌梢蛇	11	约 4.88
7	短尾蝮	10	4.44～7.10
8	黑眉锦蛇	9	记录样本过少,不做估算
9	中国钝头蛇	5	记录样本过少,不做估算
10	王锦蛇	5	记录样本过少,不做估算
11	绞花林蛇	5	记录样本过少,不做估算
12	山溪后棱蛇	5	记录样本过少,不做估算
13	虎斑颈槽蛇	5	记录样本过少,不做估算
14	翠青蛇	5	记录样本过少,不做估算
15	黄链蛇	4	记录样本过少,不做估算
16	黑背白环蛇	4	记录样本过少,不做估算
17	赤链华游蛇	4	记录样本过少,不做估算
18	颈棱蛇	3	记录样本过少,不做估算
19	玉斑锦蛇	3	记录样本过少,不做估算
20	钝尾两头蛇	3	记录样本过少,不做估算
21	福建竹叶青蛇	3	记录样本过少,不做估算
22	蓝尾石龙子	2	记录样本过少,不做估算
23	原矛头蝮	2	记录样本过少,不做估算
24	黑头剑蛇	1	记录样本过少,不做估算
25	红纹滞卵蛇	1	记录样本过少,不做估算
26	中国小头蛇	1	记录样本过少,不做估算
27	银环蛇	1	记录样本过少,不做估算
28	尖吻蝮	1	记录样本过少,不做估算
29	乌华游蛇	1	记录样本过少,不做估算

文献整理和非样线内记录爬行类物种共 19 种,占总数的 39.58%。由于非样线结果不适用于种群数量计算公式,因此无法对种群数量进行估算。

由表 5-4 可见,安吉县记录次数最多的爬行类是多疣壁虎,其次是赤链蛇,再次是北草蜥和铜蜓蜥。究其原因,多疣壁虎属于蜥蜴类,体型小、适应性强、分布广,山地、丘陵、平原路网绿化带、农村房前屋后、城镇居民区绿地等都是其适宜栖息地。人类住宅附近的照明灯光也会吸引来捕食昆虫的壁虎。而北草蜥则倾向于山地、丘陵和农田草荡附近,与人类距离远。但赤链蛇则恰好相反,平原生境中数量众多的静水两栖类、啮齿类和鱼类为其提供了丰富的食物,平原生境成为其最适栖息地。

5.4 生态类型和优势种

调查发现,安吉县爬行类主要分为水栖型(Aquatic,Aq)、半水栖型(Semiaquatic,Se)和陆栖型(Terrestrial,Te)等3种生态类型。安吉县的优势爬行类主要为陆栖型的多疣壁虎、北草蜥和赤链蛇。多疣壁虎广泛分布于居民住宅区及废弃住宅,在其间攀缘捕食,藏匿繁殖;北草蜥广泛分布于茶园、竹林、油茶林、杉木林和抛荒地草灌丛等破碎生境,捕食各类昆虫;赤链蛇则广泛分布于农田、山区等各类生境。

安吉县爬行类生态类型和丰富度见表5-5。

表 5-5　安吉县爬行类生态类型和丰富度

中文名	拉丁名	丰富度	数据来源	生态类型
一、鳄形目	CROCODYLIA			
（一）鼍科	Alligatoridae			
1.扬子鳄	*Alligator sinensis*	+	D	Aq
二、龟鳖目	TESUDINES			
（二）鳖科	Trionychidae			
2.中华鳖	*Pelodiscus sinensis*	+	D	Aq
（三）平胸龟科	Platysternidae			
3.平胸龟	*Platysternon megacephalum*	+	D	Aq
（四）地龟科	Geoemydidae			
4.乌龟	*Mauremys reevesii*	+	D	Aq
5.黄缘闭壳龟	*Cuora flavomarginata*	+	D	Te
三、有鳞目	SQUAMATA			
（五）壁虎科	Gekkonidae			
6.铅山壁虎	*Gekko hokouensis*	+	D	Te
7.多疣壁虎	*Gekko japonicus*	++++	S	Te
（六）石龙子科	Scincidae			
8.铜蜓蜥	*Sphenomorphus indicus*	++	S	Te
9.中国石龙子	*Plestiodon chinensis*	+	D	Te
10.蓝尾石龙子	*Plestiodon elegans*	+	S	Te
11.宁波滑蜥	*Scincella modesta*	++	S	Te
（七）蜥蜴科	Lacertidae			
12.北草蜥	*Takydromus septentrionalis*	++++	S	Te
（八）蛇蜥科	Anguidae			
13.脆蛇蜥	*Dopasia harti*	+	S	Te
（九）钝头蛇科	Pareatidae			
14.中国钝头蛇	*Pareas chinensis*	+	S	Te
（十）蝰科	Viperidae			
15.原矛头蝮	*Protobothrops mucrosquamatus*	+	S	Te
16.尖吻蝮	*Deinagkistrodon acutus*	+	S	Te
17.台湾烙铁头蛇	*Ovophis makazayazaya*	+	D	Te

续表

中文名	拉丁名	丰富度	数据来源	生态类型
18. 福建竹叶青蛇	*Viridovipera stejnegeri*	+	S	Te
19. 短尾蝮	*Gloydius brevicaudus*	+ +	S	Te
（十一）水蛇科	Homalopsidae			
20. 中国水蛇	*Myrrophis chinensis*	+	D	Aq
21. 铅色水蛇	*Hypsiscopus plumbea*	+	D	Aq
（十二）眼镜蛇科	Elapidae			
22. 银环蛇	*Bungarus multicinctus*	+	S	Te
23. 舟山眼镜蛇	*Naja atra*	+	D	Te
24. 中华珊瑚蛇	*Sinomicrurus macclellandi*	+	S	Te
（十三）游蛇科	Colubridae			
25. 绞花林蛇	*Boiga kraepelini*	+	S	Te
26. 中国小头蛇	*Oligodon chinensis*	+	S	Te
27. 饰纹小头蛇	*Oligodon ornatus*	+	D	Te
28. 翠青蛇	*Cyclophiops major*	+	S	Te
29. 乌梢蛇	*Ptyas dhumnades*	+ +	S	Te
30. 灰腹绿锦蛇	*Gonyosoma frenatum*	+	S	Te
31. 黄链蛇	*Lycodon flavozonatus*	+	S	Te
32. 黑背白环蛇	*Lycodon ruhstrati*	+	S	Te
33. 赤链蛇	*Lycodon rufozonatus*	+ +	S	Te
34. 玉斑锦蛇	*Euprepiophis mandarinus*	+	S	Te
35. 双斑锦蛇	*Elaphe bimaculata*	+	S	Te
36. 王锦蛇	*Elaphe carinata*	+	S	Te
37. 黑眉锦蛇	*Elaphe taeniura*	+ +	S	Te
38. 红纹滞卵蛇	*Oocatochus rufodorsatus*	+	S	Te
（十四）两头蛇科	Calamariidae			
39. 钝尾两头蛇	*Calamaria septentrionalis*	+	S	Te
（十五）水游蛇科	Natricidae			
40. 草腹链蛇	*Amphiesma stolatum*	+	D	Te
41. 锈链腹链蛇	*Hebius craspedogaster*	+	D	Te
42. 颈棱蛇	*Pseudoagkistrodon rudis*	+	S	Te
43. 虎斑颈槽蛇	*Rhabdophis tigrinus*	+	S	Te
44. 黄斑渔游蛇	*Xenochrophis flavipunctatus*	+	D	Te
45. 山溪后棱蛇	*Opisthotropis latouchii*	+ +	S	Aq
46. 赤链华游蛇	*Trimerodytes annularis*	+	S	Se
47. 乌华游蛇	*Trimerodytes percarinatus*	+	S	Se
（十六）剑蛇科	Sibynophiidae			
48. 黑头剑蛇	*Sibynophis chinensis*	+	S	Te

注：①丰富度中，"＋＋＋＋"表示优势种；"＋＋＋"表示常见种；"＋＋"表示偶见种；"＋"表示罕见种。

②数据来源中，"D"表示来自历史文献资料；"S"表示来自本次调查。

③生态类型中，"Aq"表示水栖型；"Se"表示半水栖型；"Te"表示陆栖型。

5.5　区系和分布特征

　　根据表 5-1,安吉县爬行类物种以南中国型为主,有 31 种,分别为扬子鳄、乌龟、黄缘闭壳龟、铅山壁虎、多疣壁虎、中国石龙子、蓝尾石龙子、宁波滑蜥、脆蛇蜥、中国钝头蛇、原矛头蝮、尖吻蝮、中国水蛇、银环蛇、绞花林蛇、中国小头蛇、饰纹小头蛇、翠青蛇、灰腹绿锦蛇、黄链蛇、黑背白环蛇、玉斑锦蛇、双斑锦蛇、王锦蛇、钝尾两头蛇、锈链腹链蛇、颈棱蛇、山溪后棱蛇、赤链华游蛇、乌华游蛇、黑头剑蛇,占安吉县爬行类总数的 64.58%;东洋型有 11 种,分别为平胸龟、铜蜓蜥、台湾烙铁头蛇、福建竹叶青蛇、铅色水蛇、舟山眼镜蛇、中华珊瑚蛇、乌梢蛇、黑眉锦蛇、草腹链蛇、黄斑渔游蛇,占安吉县爬行类总数的 22.92%;季风区型有 6 种,分别为中华鳖、北草蜥、短尾蝮、赤链蛇、红纹滞卵蛇、虎斑颈槽蛇,占安吉县爬行类总数的 12.50%。

　　根据表 5-1,安吉县爬行类中,广布种有 9 种,分别为中华鳖、乌龟、短尾蝮、赤链蛇、玉斑锦蛇、黑眉锦蛇、王锦蛇、红纹滞卵蛇、虎斑颈槽蛇,占安吉县爬行类物种总数的 18.75%;东洋界华中华南西南区物种有 21 种,分别为铜蜓蜥、北草蜥、脆蛇蜥、中国钝头蛇、原矛头蝮、台湾烙铁头蛇、福建竹叶青蛇、银环蛇、中华珊瑚蛇、绞花林蛇、饰纹小头蛇、翠青蛇、乌梢蛇、黄链蛇、黑背白环蛇、钝尾两头蛇、锈链腹链蛇、颈棱蛇、黄斑渔游蛇、乌华游蛇、黑头剑蛇,占安吉县爬行类物种总数的 43.75%;东洋界华中区和华南区物种有 14 种,分别为平胸龟、黄缘闭壳龟、铅山壁虎、多疣壁虎、中国石龙子、蓝尾石龙子、尖吻蝮、中国水蛇、铅色水蛇、舟山眼镜蛇、中国小头蛇、草腹链蛇、山溪后棱蛇、赤链华游蛇,占安吉县爬行类物种总数的 29.17%;东洋界华中区物种有 3 种,为扬子鳄、宁波滑蜥和双斑锦蛇,占安吉县爬行类物种总数的 6.25%;东洋界华中区和西南区物种有 1 种,为灰腹绿锦蛇,占安吉县爬行类物种总数的 2.08%。

　　由此可见,安吉县爬行类动物的地理区系类型主要以东洋界分布为主,东洋界华中区和西南区物种最少,这与处于动物地理分布过渡带的浙江地理区系组成和分布型基本一致。

5.6　珍稀濒危及中国特有种

5.6.1　珍稀濒危及中国特有爬行类概况

　　根据《国家重点保护野生动物名录》(2021)和《浙江省重点保护陆生野生动物名录》,安吉县爬行类中,国家一级重点保护野生动物有扬子鳄 1 种;国家二级重点保护野生动物有脆蛇蜥、平胸龟、黄缘闭壳龟、乌龟等 4 种;浙江省重点保护野生动物有宁波滑蜥、尖吻蝮、舟山眼镜蛇、玉斑锦蛇、王锦蛇、黑眉锦蛇等 6 种(表 5-1)。

　　根据《中国生物多样性红色名录》,安吉县爬行类动物中,易危(VU)及以上的物种有 18 种,占安吉县爬行类物种总数的 37.50%。其中,极危(CR)3 种,为扬子鳄、平胸龟、黄缘闭壳龟;濒危(EN)7 种,分别为脆蛇蜥、中华鳖、乌龟、尖吻蝮、银环蛇、王锦蛇、黑眉锦蛇;易危(VU)8 种,分别为中国水蛇、铅色水蛇、舟山眼镜蛇、中华珊瑚蛇、乌梢蛇、玉斑锦蛇、赤链华游蛇、乌华游蛇(表 5-1)。

根据《IUCN 红色名录》,安吉县有极危(CR)1 种(扬子鳄),濒危(EN)3 种(平胸龟、乌龟、黄缘闭壳龟),易危(VU)2 种(中华鳖、舟山眼镜蛇)。

根据《中国动物地理》,安吉分布的爬行类中国特有种较多,有扬子鳄、铅山壁虎、宁波滑蜥、北草蜥、中国钝头蛇、尖吻蝮、绞花林蛇、饰纹小头蛇、乌梢蛇、双斑锦蛇、锈链腹链蛇、颈棱蛇、山溪后棱蛇等 13 种(表 5-1)。

5.6.2 重要物种描述

扬子鳄 *Alligatorsinensis* Fauvel,1879

鳄形目 CROCODYLIA　　鼍科 Alligatoridae

【保护等级】 国家一级重点保护野生动物。

【濒危等级】 《中国生物多样性红色名录》极危(CR);《IUCN 红色名录》极危(CR)。

【分布地区】 本次调查未见。现安吉县内野外灭绝。档案资源记载安吉历史上有分布:1993 版《安吉林业志》记载,1984 年安吉野外调查有 20 条。

脆蛇蜥 *Dopasia harti* Boulenger,1899　　　　　　　　　　　　　(图 5-1)

有鳞目 SQUAMATA　　蛇蜥科 Anguidae

【保护等级】 国家二级重点保护野生动物。

【濒危等级】 《中国生物多样性红色名录》濒危(EN)。

【分布地区】 安吉县天荒坪镇大溪村。脆蛇蜥营地下洞穴生活,栖居于山林、草丛、菜园、茶园的土中或大石下。

图 5-1　脆蛇蜥

中华鳖 *Pelodiscus sinensis* Wiegmann,1835 　　　　　　　　　　（图 5-2）
龟鳖目 TESUDINES　　鳖科 Trionychidae

【濒危等级】《中国生物多样性红色名录》濒危(EN);《IUCN 红色名录》易危(VU)。

【分布地区】 安吉县周边适宜生境面积较广,但是中华鳖数量不多,集市访问调查得知其主要分布于章村镇等地低海拔宽阔溪流。

图 5-2　中华鳖

平胸龟 *Platysternon megacephalum* Gray,1831
龟鳖目 TESUDINES　　平胸龟科 Platysternidae

【保护等级】 国家二级重点保护野生动物。

【濒危等级】《中国生物多样性红色名录》极危(CR);《IUCN 红色名录》濒危(EN)。

【分布地区】 本次调查未见。平胸龟数量极为稀少,访问调查得知其主要分布于章村镇等地多砂石、溪水清澈的山涧溪流。

黄缘闭壳龟 *Cuora flavomarginata* (Gray,1863)
龟鳖目 TESUDINES　　地龟科 Geoemydidae

【保护等级】 国家二级重点保护野生动物。

【濒危等级】《中国生物多样性红色名录》极危(CR);《IUCN 红色名录》濒危(EN)。

【分布地区】 本次调查未见。根据访问调查得知黄缘闭壳龟在安吉县内主要分布于章村镇、昌硕街道等中低海拔溪流附近区域。

乌龟 *Mauremys reevesii* (Gray,1831)
龟鳖目 TESUDINES　　地龟科 Geoemydidae

【保护等级】　国家二级重点保护野生动物。

【濒危等级】　《中国生物多样性红色名录》濒危(EN);《IUCN 红色名录》濒危(EN)。

【分布地区】　本次调查未见。本种虽为我国常见龟类,但近年来野外种群岌岌可危,个体难觅。经访问调查,乌龟在安吉县内主要分布于低海拔宽阔河流区域。

尖吻蝮 *Deinagkistrodon acutus* (Günther,1888)　　　　　　　　　　(图 5-3)
有鳞目 SQUAMATA　　蝰科 Viperidae

【保护等级】　浙江省重点保护野生动物。

【濒危等级】　《中国生物多样性红色名录》濒危(EN)。

【分布地区】　见于递铺、昌硕、山川、天荒坪、上墅、报福、章村、杭垓、鄣吴等乡镇(街道)的山地林道、溪流边和林缘区域。

图 5-3　尖吻蝮

银环蛇 *Bungarus multicinctus* Blyth,1861　　　　　　　　　　　　　（图 5-4）

有鳞目 SQUAMATA　　　眼镜蛇科 Elapidae

【濒危等级】《中国生物多样性红色名录》濒危(EN)；《IUCN 红色名录》无危(LC)。

【分布地区】分布于递铺街道等潮湿林缘及溪流附近。

图 5-4　银环蛇

黑眉锦蛇 *Elaphe taeniura*（Cope,1861）　　　　　　　　　　　　（图 5-5）

有鳞目 SQUAMATA　　　游蛇科 Colubridae

【保护等级】浙江省重点保护野生动物。

【濒危等级】《中国生物多样性红色名录》濒危(EN)。

【分布地区】主要见于天子湖镇、孝源街道、递铺街道、杭垓镇、章村镇、孝丰镇、灵峰街道等地林缘、林道区域。

图 5-5　黑眉锦蛇

王锦蛇 *Elaphe carinata* (Günther,1864)　　　　　　　　　　　　　（图 5-6）

有鳞目 SQUAMATA　　　游蛇科 Colubridae

【保护等级】　浙江省重点保护野生动物。

【濒危等级】　《中国生物多样性红色名录》濒危（EN）。

【分布地区】　主要见于杭垓镇、孝丰镇、天子湖镇、上墅乡、灵峰街道等地林缘、林道区域。

图 5-6　王锦蛇

中国水蛇 *Myrrophis chinensis* (Gray,1842)

有鳞目 SQUAMATA　　　水蛇科 Homalopsidae

【濒危等级】　《中国生物多样性红色名录》易危（VU）。

【分布地区】　本次调查未见。安吉县以往科考资料中有记载,分布于章村镇。

铅色水蛇 *Hypsiscopus plumbea* (Boie,1827)

有鳞目 SQUAMATA　　　水蛇科 Homalopsidae

【濒危等级】　《中国生物多样性红色名录》易危（VU）。

【分布地区】　本次调查未见。安吉县以往科考资料中有记载,分布于章村镇。

中华珊瑚蛇 *Sinomicrurus macclellandi*（Reinhardt,1844） （图 5-7）

有鳞目 SQUAMATA　　眼镜蛇科 Elapidae

【濒危等级】《中国生物多样性红色名录》易危(VU)。

【分布地区】 发现于安吉县昌硕街道双一村。栖息于山区森林或平地丘陵。

图 5-7　中华珊瑚蛇

舟山眼镜蛇 *Naja atra* Cantor,1842

有鳞目 SQUAMATA　　眼镜蛇科 Elapidae

【保护等级】 浙江省重点保护野生动物。

【濒危等级】《中国生物多样性红色名录》易危(VU);《IUCN 红色名录》易危(VU)。

【分布地区】 本次调查未见。安吉县以往科考资料中有记载,分布于章村镇。

乌梢蛇 *Ptyas dhumnades*（Cantor，1842）　　　　　　　　　　（图 5-8）

有鳞目 SQUAMATA　　　游蛇科 Colubridae

【濒危等级】《中国生物多样性红色名录》易危（VU）。

【分布地区】主要见于杭垓镇、章村镇、孝丰镇、报福镇、孝源街道、递铺街道等地林缘、林道区域。

图 5-8　乌梢蛇

玉斑锦蛇 *Euprepiophis mandarinus*（Cantor，1842）　　　　　　（图 5-9）

有鳞目 SQUAMATA　　　游蛇科 Colubridae

【保护等级】浙江省重点保护野生动物。

【濒危等级】《中国生物多样性红色名录》易危（VU）；《IUCN 红色名录》无危（LC）。

【分布地区】主要见于孝丰镇、章村镇、天子湖镇、昌硕街道等地周边各处林缘、林道区域。

图 5-9　玉斑锦蛇

赤链华游蛇 *Trimerodytes annularis*（Hallowell，1856） （图 5-10）

有鳞目 SQUAMATA　　　水游蛇科 Natricidae

【濒危等级】《中国生物多样性红色名录》易危（VU）。

【分布地区】　安吉县及周边分布较广,主要见于天荒坪镇、灵峰街道、报福镇、灵峰街道等各大宽阔溪流和山涧静水塘区域。

图 5-10　赤链华游蛇

乌华游蛇 *Trimerodytes percarinatus*（Boulenger，1899） （图 5-11）

有鳞目 SQUAMATA　　　水游蛇科 Natricidae

【濒危等级】《中国生物多样性红色名录》易危（VU）;《IUCN 红色名录》无危（LC）。

【分布地区】　安吉县及周边分布较广,主要见于灵峰街道等各大宽阔溪流和山涧静水塘区域。

图 5-11　乌华游蛇

第 6 章　鸟类资源

6.1　调查路线和时间

调查适当向安吉县外延展数千米。在 208 个调查样区(图 6-1)内设置 416 条调查样线,按春、夏、秋、冬开展四季调查。

调查日当天,在晴朗、风力不大(一般在三级以下)的天气条件下进行。当天的调查时间为清晨(日出后 0.5~3h)或傍晚(日落前 3h 至日落)。

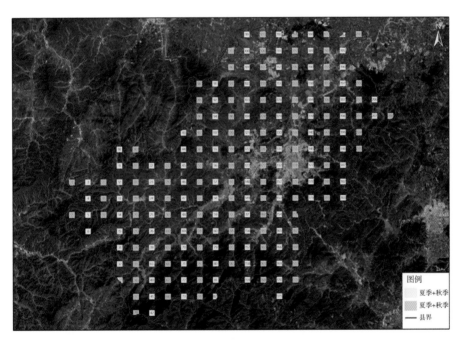

图 6-1　安吉县鸟类调查样区分布示意图

6.2　调查方法和物种鉴定

6.2.1　调查方法

安吉县鸟类调查方法以样线法、红外相机拍摄法、羽迹法和直接计数法(集群地计数法)为主,网捕法和访问法作为补充。

(1)样线法

样线法是鸟类调查的主要方法。参考调查样区的理论样线开展实地调查,兼顾多种栖息地类型,通过目击观察、鸣声辨别、摄影取证等方法,对调查样区内的鸟类资源进行样线调查。每条样线设计长度1km,每个样区布设2条样线(图6-2)。如遇悬崖或江河阻隔,在一定时间内绕过后继续保持原方向前进。在样线上行进的速度为$1\sim2km/h$。记录发现鸟类的名称、数量、距离中线的距离、地理位置等信息。非样线上记录的鸟种直接记入鸟类名录,但不参与种群数量的计算。

图6-2 安吉县鸟类调查样区样线示意图(红色线为实地调查样线航迹)

(2)羽迹法

羽迹法主要用于鸡形目鸟类和地栖性鸟类的调查。鸟类所留下的羽毛、足迹等痕迹作为判断鸟类种类的直接证据。

(3)红外相机拍摄法

红外相机拍摄法主要用于地栖性鸟类和林鸟的调查。安装红外相机,进行24h全天候监测。安装位点通常根据地栖性鸟类的痕迹,选择近水源地、林下通行性强的区域,以期提高拍摄成功率。选择在地栖性鸟类主要活动区域布设红外相机(城区、农田、水域等生境可不布设)。每台相机连续工作时长不少于3000h。

(4)直接计数法(集群地计数法)

直接计数法(集群地计数法)主要用于集群鸟类(主要为越冬水鸟)的调查。通过访问调查、历史资料查询的方式确定鸟类集群地的位置以及集群时间,并在地图上标出。

在鸟类集群时间对标注地点进行调查,直接记录鸟类数量。记录集群地的坐标、观察到鸟的种类及数量等信息。

（5）网捕法

网捕法作为补充性调查方法,主要用于迁徙过境鸟类的调查,需在获得有关部门捕捉许可的前提下进行。调查对象主要为迁徙季节过境的小型雀形目林鸟,由于这类调查对象性机警,善藏匿,常规调查手段具有一定的局限性。调查时,可在水源附近、农田周边和林下通道等布设鸟网进行捕捉。

（6）访问法

访问法作为补充性调查方法,主要用于珍稀鸟类的调查,即历史资料有记载且近年再无发现记录。走访安吉县有经验的农户和当地具有观鸟、拍鸟经验人员,收集鸟类信息;向森林公安收集安吉本地救助、查获的鸟类记录等。

6.2.2 物种鉴定及命名

鸟类鉴定依据《浙江动物志·鸟类》《中国鸟类图鉴》《中国鸟类野外手册》等。鸟类中文名及拉丁名参考《中国鸟类分类与分布名录》。

6.3 物种多样性

6.3.1 物种组成

通过本次对安吉县全境的调查,并结合全国第二次陆生野生动物调查的安吉县数据、浙江省历年水鸟同步调查的安吉县数据、安吉县森林公安的救助记录和历史文献等,最终确定安吉县鸟类分布记录 256 种,隶属 18 目 63 科 161 属。其中,雀形目鸟类 36 科 143 种,占安吉县鸟类物种总种数的 55.86%;非雀形目鸟类共 17 目 27 科 113 种,占总种数的 44.14%。

安吉县鸟类多样性组成见表 6-1。

表 6-1　安吉县鸟类多样性组成表

目名	科数	科名	种数	种占比
鸡形目 GALLIFORMES	1	雉科 Phasianidae	6	2.34%
雁形目 ANSERIFORMES	1	鸭科 Anatidae	12	4.69%
䴙䴘目 PODICIPEDIFORMES	1	䴙䴘科 Podicipedidae	2	0.78%
鸽形目 COLUMBIFORMES	1	鸠鸽科 Columbidae	3	1.17%
夜鹰目 CAPRIMULGIFORMES	2	夜鹰科 Caprimulgidae	1	0.39%
		雨燕科 Apodidae	1	0.39%
鹃形目 CUCULIFORMES	1	杜鹃科 Cuculidae	8	3.13%
鹤形目 GRUIFORMES	2	秧鸡科 Rallidae	6	2.34%
		鹤科 Gruidae	1	0.39%

续表

目名	科数	科名	种数	种占比
鸻形目 CHARADRIIFORMES	5	反嘴鹬科 Recurvirostridae	1	0.39%
		鸻科 Charadriidae	5	1.95%
		彩鹬科 Rostratulidae	1	0.39%
		鹬科 Scolopacidae	10	3.91%
		鸥科 Laridae	4	1.56%
鹳形目 CICONIIFORMES	1	鹳科 Ciconiidae	1	0.39%
鲣鸟目 SULIFORMES	1	鸬鹚科 Phalacrocoracidae	1	0.39%
鹈形目 PELECANIFORMES	2	鹮科 Threskiornithidae	1	0.39%
		鹭科 Ardeidae	9	3.52%
鹰形目 ACCIPITRIFORMES	2	鹗科 Pandionidae	1	0.39%
		鹰科 Accipitridae	16	6.25%
鸮形目 STRIGIFORME	1	鸱鸮科 Strigidae	7	2.73%
犀鸟目 BUCEROTIFORMES	1	戴胜科 Upupidae	1	0.39%
佛法僧目 CORACIIFORMES	2	佛法僧科 Coraciidae	1	0.39%
		翠鸟科 Alcedinidae	5	1.95%
啄木鸟目 PICFORMES	2	拟啄木鸟科 Capitonidae	2	0.78%
		啄木鸟科 Picidae	5	1.95%
隼形目 FALCONIFORMES	1	隼科 Falconidae	2	0.78%
雀形目 PASSERIFORMES	36	黄鹂科 Oriolidae	1	0.39%
		莺雀科 Vireondiae	1	0.39%
		山椒鸟科 Campephagidae	3	1.17%
		卷尾科 Dicruridae	3	1.17%
		王鹟科 Monarvhidae	2	0.78%
		伯劳科 Laniidae	4	1.56%
		鸦科 Corvidae	9	3.52%
		山雀科 Paridae	2	0.78%
		百灵科 Alaudidae	2	0.78%
		扇尾莺科 Cisticolidae	2	0.78%
		苇莺科 Acrocephalidae	1	0.39%
		鳞胸鹪鹛科 Pnoepygidae	1	0.39%
		蝗莺科 Locustellidae	2	0.78%
		燕科 Hirundinidae	3	1.17%
		鹎科 Pycnonntidae	6	2.34%
		柳莺科 Phylloscopidae	7	2.73%
		树莺科 Cettiidae	4	1.56%
		长尾山雀科 Aegithalidae	2	0.78%
		莺鹛科 Sylviidae	3	1.17%
		绣眼鸟科 Zosteropidae	2	0.78%
		林鹛科 Timaliidae	3	1.17%
		幽鹛科 Pellorneidae	1	0.39%
		噪鹛科 Leiothrichidae	8	3.13%

续表

目名	科数	科名	种数	种占比
雀形目 PASSERIFORMES	36	鸭科 Sittidae	1	0.39%
		河乌科 Cinclidae	1	0.39%
		椋鸟科 Sturnidae	3	1.17%
		鸫科 Turdidae	9	3.52%
		鹟科 Muscicapidae	23	8.98%
		太平鸟科 Bombycillidae	2	0.78%
		丽星鹩鹛科 Elachuridae	1	0.39%
		叶鹎科 Chloropseidae	1	0.39%
		梅花雀科 Estrildidae	2	0.78%
		雀科 Passeridae	2	0.78%
		鹡鸰科 Motacillidae	8	3.13%
		燕雀科 Fringillidae	6	2.34%
		鹀科 Emberizidae	12	4.69%
合计	63		256	100%

非雀形目鸟类中,以鸻形目最多,共 21 种;鹰形目次之,共 17 种;雁形目第三,共 12 种;鹈形目 10 种;鸮形目 8 种;鹤形目、鸮形目、啄木鸟目各 7 种;鸡形目、佛法僧目各 6 种;鸽形目 3 种;鹃鹛目、夜鹰目、隼形目各 2 种;鹳形目、鲣鸟目、犀鸟目各 1 种(图 6-3)。

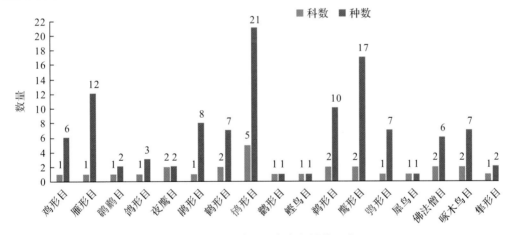

图 6-3　安吉县非雀形目鸟类多样性组成图

雀形目鸟类中,以鹟科种类最多,共 23 种;鹀科次之,共 12 种;鸫科、鸦科各 9 种;噪鹛科、鹡鸰科各 8 种;柳莺科 7 种;鹎科、燕雀科各 6 种;伯劳科、树莺科各 4 种;山椒鸟科、卷尾科、燕科、莺鹛科、林鹛科、椋鸟科各 3 种;王鹟科、山雀科、百灵科、扇尾莺科、蝗莺科、长尾山雀科、绣眼鸟科、太平鸟科、梅花雀科、雀科各 2 种;黄鹂科、莺雀科、苇莺科、鳞胸鹪鹛科、幽鹛科、鸭科、河乌科、丽星鹩鹛科、叶鹎科各 1 种。

根据 G-F 指数计算公式(根据《鸟兽物种多样性测度的 G-F 指数方法》),获得安吉县鸟类物种的 G 指数、F 指数、G-F 指数(表 6-2)。

表 6-2　安吉县鸟类 F 指数、G 指数、G-F 指数

名称	物种数	科数	属数	F 指数	G 指数	G-F 指数
数量	256	63	161	36.8524	4.8330	0.8689

安吉县所调查到的 256 种鸟类隶属 63 科 161 属,G 指数为 4.8330,F 指数为 36.8524。从调查结果来看,安吉县鸟类具有较高的科内多样性,但单种属则有 115 属,占总属数的 71.43%,占比较高,因此属内多样性偏低,表 6-2 中的计算结果也反映出这一特征。由于非单科种的比例较高,对多样性指数的整体贡献也较大,使得安吉县鸟类在多样性上表现出较高的水平。

6.3.2　调查新发现

整理历年与安吉县鸟类相关的档案资料,并根据《中国鸟类分类与分布名录》分类系统,确认安吉县鸟类历史记录为 186 种(截至 2019 年底)。

本次安吉县鸟类调查共记录 256 种,与历史数据比较,增加安吉县鸟类新分布记录 70 种,其中湖州地区新分布记录 15 种(表 6-3)。

表 6-3　安吉县鸟类新分布记录

物种	记录方式和记录地点
1. 小天鹅 *Cygnus columbianus*	照片/老石坎水库
2. 鸿雁 *Anser cygnoides*	照片/老石坎水库
3. 豆雁 *Anser fabalis*	照片/老石坎水库
4. 白额雁 *Anser albifrons*	照片/老石坎水库
5. 小白额雁 *Anser erythropus*※	照片/老石坎水库
6. 赤麻鸭 *Tadorna ferruginea*	照片/老石坎水库
7. 普通秋沙鸭 *Mergus merganser*	照片/老石坎水库、赋石水库等地
8. 中华秋沙鸭 *Mergus squamatus*	照片/老石坎水库、赋石水库等地
9. 凤头䴙䴘 *Podiceps cristatus*	照片/境内多处湿地
10. 小杜鹃 *Cuculus poliocephalus*	照片/龙王山等地
11. 小鸦鹃 *Centropus bengalensis*	照片/老石坎水库
12. 普通秧鸡 *Rallus indicus*	目击记录/老石坎水库
13. 灰鹤 *Grus grus*※	照片/老石坎水库
14. 黑翅长脚鹬 *Himantopus himantopus*	照片/老石坎水库、赋石水库等地
15. 长嘴剑鸻 *Charadrius placidus*	照片/老石坎水库、赋石水库等地
16. 金眶鸻 *Charadrius dubius*	照片/老石坎水库、赋石水库等地
17. 环颈鸻 *Charadrius alexandrinus*	照片/老石坎水库、赋石水库等地
18. 彩鹬 *Rostratula benghalensis*	照片/老石坎水库、赋石水库等地
19. 丘鹬 *Scolopax rusticola*	红外相机照片/章村镇、报福镇
20. 针尾沙锥 *Gallinago stenura*	目击记录/孝丰镇
21. 鹤鹬 *Tringa erythropus*	照片/天子湖镇

续表

物种	记录方式和记录地点
22. 青脚鹬 *Tringa nebularia*	照片/报福镇
23. 白腰草鹬 *Tringa ochropus*	照片/报福镇
24. 林鹬 *Tringa glareola*	照片/报福镇
25. 矶鹬 *Actitis hypoleucos*	照片/报福镇
26. 红颈滨鹬 *Calidris ruficollis*	照片/报福镇
27. 黑腹滨鹬 *Calidris alpina*	照片/老石坎水库
28. 小黑背银鸥 *Larus fuscus* ※	照片/老石坎水库
29. 红嘴鸥 *Chroicocephalus ridibundus* ※	照片/老石坎水库
30. 灰翅浮鸥 *Chlidonias hybrida*	照片/缫舍村
31. 白翅浮鸥 *Chlidonias leucopterus*	照片/缫舍村
32. 东方白鹳 *Ciconia boyciana* ※	照片/老石坎水库
33. 白琵鹭 *Platalea leucorodia* ※	照片/老石坎水库
34. 黄斑苇鳽 *Ixobrychus sinensis*	目击记录/章村镇
35. 鹗 *Pandion haliaetus* ※	照片/老石坎水库
36. 黑冠鹃隼 *Aviceda leuphotes*	照片/章村镇、报福镇等地
37. 凤头蜂鹰 *Pernis ptilorhynchus*	目击记录/章村镇
38. 黑翅鸢 *Elanus caeruleus* ※	照片/天子湖镇
39. 日本松雀鹰 *Accipiter gularis*	目击记录/章村镇
40. 普通鵟 *Buteo japonicus*	照片/境内多处
41. 白腹隼雕 *Aquila fasciata* ※	照片/老石坎水库
42. 鹰雕 *Nisaetus nipalensis*	照片/章村镇
43. 黄嘴角鸮 *Otus spilocephalus* ※	声音/章村镇
44. 白胸翡翠 *Halcyon smyrnensis*	照片/老石坎水库
45. 斑鱼狗 *Ceryle rudis*	照片/老石坎水库、赋石水库等地
46. 黑眉拟啄木鸟 *Psilopogon faber* ※	声音/章村镇
47. 秃鼻乌鸦 *Corvus frugilegus*	照片/溪龙乡
48. 小嘴乌鸦 *Corvus corone*	照片/报福镇、天荒坪镇、递铺街道
49. 纯色山鹪莺 *Prinia inornata*	照片/境内多处湿地
50. 小鳞胸鹪鹛 *Pnoepyga pusilla* ※	照片/浙江安吉小鲵国家级自然保护区
51. 矛斑蝗莺 *Locustella lanceolata*	照片/章村镇
52. 小蝗莺 *Locustella certhiola*	照片/章村镇
53. 华南冠纹柳莺 *Phylloscopus goodsoni*	照片/章村镇
54. 鳞头树莺 *Urosphena squameiceps*	照片/章村镇
55. 橙头地鸫 *Geokichla citrina* ※	红外相机照片/章村镇
56. 红尾斑鸫 *Turdus naumanni*	红外相机照片/章村镇
57. 红尾歌鸲 *Larvivora sibilans*	照片/章村镇
58. 红喉歌鸲 *Calliope calliope*	目击记录/章村镇
59. 灰背燕尾 *Enicurus schistaceus*	照片/境内山地溪流
60. 黑喉石鵖 *Saxicola maurus*	照片/老石坎水库
61. 黄眉姬鹟 *Ficedula narcissina*	目击记录/报福镇
62. 铜蓝鹟 *Eumyias thalassinus* ※	目击记录/报福镇

续表

物种	记录方式和记录地点
63.太平鸟 *Bombycilla garrulus*	目击记录/孝源街道
64.小太平鸟 *Bombycilla japonica*	目击记录/孝源街道
65.丽星鹩鹛 *Elachura formosa*※	声音/章村镇
66.橙腹叶鹎 *Chloropsis hardwickii*	目击记录/杭垓镇
67.黄鹡鸰 *Motacilla tschutschensis*	照片/境内高海拔山地溪流旁
68.田鹨 *Anthus richardi*	目击记录/杭垓镇
69.小鹀 *Emberiza pusilla*	目击记录/杭垓镇、章村镇等地
70.苇鹀 *Emberiza pallasi*	照片/天子湖镇

注："※"表示湖州地区新分布记录。

6.3.3 种群数量估算

1.样线法调查

根据第 2 章介绍的数据处理方法对样线上调查到的鸟类物种进行种群数量估算。通过鸟类样线,共记录 180 种,占安吉县鸟类种类总数的 70.31%。种群数量估算结果见表 6-4。

表 6-4 安吉县样线法记录鸟类种群数量估算

序号	物种	春季		夏季		秋季		冬季	
		记录次数	估算数量/万只	记录次数	估算数量/万只	记录次数	估算数量/万只	记录次数	估算数量/万只
1	白头鹎	350	79.074～92.763	261	22.074～25.875	193	24.019～30.162	172	23.685～30.370
2	麻雀	202	55.209～79.795	155	32.987～41.378	105	28.339～37.518	89	20.484～35.654
3	大山雀	181	13.418～15.562	77	2.137～2.884	147	5.172～6.136	115	5.586～7.568
4	珠颈斑鸠	173	11.361～14.557	144	4.733～5.798	106	5.229～8.058	87	4.910～7.537
5	棕脸鹟莺	157	5.860～6.745	51	0.877～1.170	57	1.260～1.722	9	0.138～0.321
6	强脚树莺	134	5.724～7.222	106	1.819～2.129	0	/	0	/
7	北红尾鸲	0	/	0	/	133	3.722～4.514	74	2.012～2.433
8	黑短脚鹎	118	6.520～8.839	72	1.824～2.720	12	0.172～0.728	5	0.086～0.164
9	白鹡鸰	99	5.538～7.375	70	1.727～3.147	118	3.196～4.185	77	2.617～3.343
10	乌鸫	112	8.516～11.309	61	2.448～4.357	33	1.617～3.183	83	7.622～10.992
11	金腰燕	67	8.067～10.804	109	7.714～10.488	1	仅 1 笔记录	0	/
12	家燕	99	11.518～15.137	86	4.131～20.157	2	0.329～1.073	0	/
13	红嘴蓝鹊	88	4.894～6.720	81	3.743～4.908	76	3.184～4.051	46	1.994～2.861
14	棕头鸦雀	73	25.386～34.808	55	5.821～8.340	30	4.111～6.826	22	4.457～7.839
15	丝光椋鸟	71	8.094～12.256	14	0.132～3.200	10	1.436～4.914	6	0.011～5.993
16	棕背伯劳	29	1.063～1.381	58	1.038～1.330	71	1.099～1.246	69	1.208～1.404
17	白鹭	41	0.928～1.918	57	0.714～1.061	43	0.703～2.135	31	0.518～0.971
18	红头长尾山雀	33	9.206～14.069	21	1.783～2.998	55	7.629～9.903	40	7.719～10.950
19	树鹨	8	0.572～2.539	0	/	48	2.603～3.639	53	3.786～5.700

续表

序号	物种	春季		夏季		秋季		冬季	
		记录次数	估算数量/万只	记录次数	估算数量/万只	记录次数	估算数量/万只	记录次数	估算数量/万只
20	领雀嘴鹎	44	3.482～5.320	51	1.646～2.427	31	1.692～3.036	14	0.894～2.072
21	灰眶雀鹛	36	4.651～8.962	19	1.053～1.790	46	4.907～7.448	27	4.182～6.569
22	灰头鸫	7	0.656～2.768	0	/	28	1.368～4.908	45	3.345～4.567
23	暗绿绣眼鸟	42	4.993～8.482	44	2.326～4.098	22	2.534～3.902	8	0.816～1.490
24	灰胸竹鸡	42	1.058～1.366	24	0.692～1.173	22	0.392～0.734	7	0.204～0.394
25	池鹭	20	0.466～0.722	42	0.716～1.018	0	/	1	仅 1 笔记录
26	金翅雀	41	4.318～8.081	17	1.071～5.088	14	0.669～4.653	4	0.168～0.251
27	棕颈钩嘴鹛	32	1.157～1.702	24	0.366～0.602	41	0.813～1.235	5	0.041～0.184
28	牛背鹭	14	1.512～4.908	41	1.956～3.758	0	/	0	/
29	山麻雀	37	2.058～10.474	36	1.560～2.657	6	0.200～0.365	1	仅 1 笔记录
30	发冠卷尾	36	0.873～1.257	29	0.638～0.989	0	/	0	/
31	红尾水鸲	35	1.753～2.934	25	0.620～0.825	27	0.529～0.719	31	0.972～1.319
32	黑脸噪鹛	33	3.494～4.714	10	0.772～1.275	27	2.138～2.754	18	1.516～1.875
33	画眉	26	0.816～1.167	33	0.361～0.928	32	0.570～1.551	5	0.088～0.137
34	栗背短脚鹎	17	1.300～2.273	20	0.538～0.810	33	1.276～1.877	18	0.781～1.602
35	三道眉草鹀	31	2.935～5.677	11	0.306～0.399	9	0.247～0.367	2	0.053～0.253
36	松鸦	29	0.886～1.331	10	0.085～0.207	25	0.518～1.101	2	0.010～0.047
37	红头穗鹛	29	0.895～1.806	19	0.296～0.534	12	0.151～0.229	5	0.223～0.651
38	白额燕尾	29	1.063～1.381	12	0.237～0.362	29	0.342～0.554	21	0.472～0.632
39	小鸦	7	1.242～2.195	0	/	28	1.974～6.938	16	1.130～2.451
40	山斑鸠	26	0.819～1.186	22	0.477～0.647	24	0.701～1.232	5	0.098～0.200
41	白腰文鸟	25	4.253～7.317	20	1.181～2.048	17	1.468～2.981	2	0.094～0.274
42	灰树鹊	12	0.397～1.043	15	0.780～1.762	25	1.054～1.500	13	0.731～1.319
43	小鹛鹛	16	0.326～0.472	16	0.175～0.335	24	0.332～0.524	13	0.619～1.488
44	八哥	20	2.205～4.824	7	0.203～1.563	8	0.876～2.313	10	0.702～1.360
45	红胁蓝尾鸲	0	/	0	/	7	0.095～0.162	20	0.442～0.714
46	黑水鸡	9	0.261～0.361	18	0.295～0.948	11	0.264～1.413	6	0.047～0.499
47	绿翅短脚鹎	17	1.115～1.833	17	0.326～0.539	6	0.112～0.194	13	1.419～2.780
48	鹊鸲	13	0.405～1.528	16	0.357～0.542	11	0.130～0.264	9	0.226～0.355
49	夜鹭	15	0.300～1.896	10	0.094～0.194	3	0.103～0.391	6	0.230～1.912
50	灰鹡鸰	15	0.777～1.073	8	0.228～0.501	6	0.106～0.176	5	0.097～0.199
51	喜鹊	11	0.094～3.155	4	0.169～0.169	13	0.714～1.313	15	0.353～0.473
52	普通翠鸟	8	0.245～0.381	12	0.140～0.189	15	0.113～0.146	7	0.115～0.189
53	黄喉鹀	1	仅 1 笔记录	0	/	14	0.617～2.097	9	0.728～1.310
54	灰头麦鸡	13	0.731～1.588	10	0.169～0.798	0	/	0	/
55	黄腹山雀	0	/	1	仅 1 笔记录	13	0.752～1.718	4	0.046～0.267
56	白眉鸫	1	仅 1 笔记录	0	/	12	0.487～1.252	10	0.794～3.861
57	燕雀	0	/	0	/	6	1.760～9.714	12	2.397～5.026
58	黑卷尾	11	0.421～0.837	3	0.008～0.023	0	/	0	/
59	红尾伯劳	11	0.332～0.59	2	0.026～0.123	1	仅 1 笔记录	0	/

续表

序号	物种	春季 记录次数	春季 估算数量/万只	夏季 记录次数	夏季 估算数量/万只	秋季 记录次数	秋季 估算数量/万只	冬季 记录次数	冬季 估算数量/万只
60	黄眉柳莺	11	1.708～3.027	1	仅1笔记录	9	0.416～0.729	0	/
61	三宝鸟	10	0.333～0.484	4	0.005～0.130	0	/	0	/
62	小灰山椒鸟	10	0.517～0.942	2	0.013～0.060	0	/	0	/
63	紫啸鸫	10	0.161～0.231	4	约0.091	5	0.040～0.079	2	0.051～0.051
64	黄腰柳莺	3	0.121～1.387	3	0.083～0.189	5	0.143～0.212	10	0.343～0.714
65	红脚田鸡	9	0.216～0.824	5	0.068～0.126	7	0.112～0.188	2	0.012～0.057
66	灰喉山椒鸟	9	0.280～0.459	0	/	2	0.050～0.237	2	0.08～0.381
67	斑文鸟	4	0.238～1.146	9	0.710～1.627	6	0.664～1.341	4	0.201～1.277
68	赤腹鹰	8	0.099～0.169	2	约0.013	0	/	0	/
69	蓝翡翠	8	0.102～0.173	6	0.073～0.139	0	/	0	/
70	黑喉石䳭	4	约0.434	0	/	7	0.191～0.449	0	/
71	白腰草鹬	2	约0.054	0	/	7	0.068～0.188	1	
72	纯色山鹪莺	1	仅1笔记录	0	/	7	0.203～0.516	0	/
73	虎斑地鸫	0	/	0	/	0	/	7	0.197～0.197
74	黄雀	0	/	0	/	2	0.154～1.397	6	0.338～2.621
75	大鹰鹃	5	约0.118	3	0.011～0.037	0	/	0	/
76	黑领噪鹛	5	0.261～0.792	2	0.002～0.146	4	0.079～0.458	1	仅1笔记录
77	灰椋鸟	5	0.110～1.156	2	0.019～0.091	1	仅1笔记录	0	/
78	中白鹭	2	0.033～0.281	5	0.045～0.281	0	/	0	/
79	红嘴相思鸟	1	仅1笔记录	5	0.184～0.431	1	仅1笔记录	1	仅1笔记录
80	褐柳莺	0	/	0	/	4	约0.063	5	0.070～0.137
81	矶鹬	4	0.068～0.155	2	0.019～0.029	2	约0.017	4	0.035～0.080
82	华南斑胸钩嘴鹛	4	0.085～0.281	2	0.033～0.406	0	/	0	/
83	褐河乌	4	约0.089	4	0.056～0.268	2	0.010～0.049	4	约0.060
84	小燕尾	4	约0.085	4	约0.097	2	约0.012	0	/
85	栗鹀	4	0.172～0.858	0	/	0	/	0	/
86	蛇雕	3	0.003～0.007	4	约0.005	1	仅1笔记录	0	/
87	凤头鹰	3	0.009～0.092	2	约0.021	2	约0.023	4	约0.044
88	栗耳凤鹛	3	0.224～0.512	2	约0.476	0	/	4	0.712～2.374
89	林雕	2	约0.013	0	/	4	0.003～0.007	1	仅1笔记录
90	冠鱼狗	2	约0.067	4	约0.036	2	约0.023	1	仅1笔记录
91	棕噪鹛	2	0.101～0.531	4	0.157～0.770	0	/	1	仅1笔记录
92	黄眉鹀	2	0.017～1.714	1	仅1笔记录	3	约0.161	4	0.147～1.396
93	白胸苦恶鸟	1	仅1笔记录	4	0.030～0.069	0	/	2	0.020～0.094
94	林鹬	0	/	4	0.179～0.885	0		0	
95	大嘴乌鸦	0	/	0	/	1	仅1笔记录	4	0.076～0.500
96	短尾鸦雀	0	/	1	仅1笔记录	4	0.093～0.611	2	0.079～1.243
97	大白鹭	3	0.041～0.272	1	仅1笔记录	0	/	0	/
98	斑姬啄木鸟	3	0.031～0.257	0	/	2	约0.017	2	0.054～0.255
99	白腹蓝鹟	3	0.092～0.268	0	/	0	/	0	/

续表

序号	物种	春季		夏季		秋季		冬季	
		记录次数	估算数量/万只	记录次数	估算数量/万只	记录次数	估算数量/万只	记录次数	估算数量/万只
100	黑尾蜡嘴雀	3	0.227~0.404	0	/	0	/	2	0.022~0.106
101	松雀鹰	2	0.020~0.095	3	约 0.030	0	/	0	/
102	小嘴乌鸦	2	0.081~0.184	0	/	3	0.013~0.090	0	/
103	灰头鸦雀	2	0.070~0.707	3	0.331~1.119	0	/	2	1.173~1.373
104	灰背燕尾	2	0.017~0.083	3	约 0.027	1	仅 1 笔记录	0	/
105	星头啄木鸟	1	仅 1 笔记录	0	/	1	仅 1 笔记录	3	0.024~0.070
106	凤头鹀鹛	0		0		3		0	
107	青脚鹬	0	/	1	仅 1 笔记录	3	0.008~0.023	1	仅 1 笔记录
108	苍鹭	0	/	0	/	3	0.315~1.078	1	仅 1 笔记录
109	黑鸢	0	/	0	/	1	仅 1 笔记录	3	0.021~0.060
110	普通鵟	0	/	1	仅 1 笔记录	1	仅 1 笔记录	3	约 0.017
111	白腹鸫	0	/	0	/	0	/	3	0.059~0.171
112	黄腹鹨	0	/	0	/	3	0.031~0.179	1	仅 1 笔记录
113	田鹀	0	/	0	/	3	0.121~0.396	3	0.093~0.273
114	环颈雉	2	0.014~0.066	1	仅 1 笔记录	2	约 0.047	1	仅 1 笔记录
115	四声杜鹃	2	0.017~0.083	0	/	0	/	0	/
116	长嘴剑鸻	2	0.035~0.167	1	仅 1 笔记录	0	/	2	约 0.076
117	黑冠鹃隼	2	约 0.004	0	/	0	/	0	/
118	领雀鹛	2	约 0.041	0	/	0	/	0	/
119	斑鱼狗	2	0.035~0.167	1	仅 1 笔记录	2	0.003~0.014	1	仅 1 笔记录
120	大斑啄木鸟	2	约 0.027	0	/	0	/	1	仅 1 笔记录
121	红隼	2	约 0.038	0	/	2	约 0.004	0	/
122	红尾歌鸲	2	约 0.054	0	/	0	/	0	/
123	栗腹矶鸫	2	约 0.067	0	/	0	/	0	/
124	北灰鹟	2	约 0.136	0	/	0	/	0	/
125	黄鹡鸰	2	约 0.077	0	/	0	/	0	/
126	斑头鸺鹠	1	仅 1 笔记录	2	约 0.018	2	约 0.020	1	仅 1 笔记录
127	白颈鸦	1	仅 1 笔记录	0	/	2	约 0.071	1	仅 1 笔记录
128	鸳鸯	0	/	0	/	2	约 0.021	0	/
129	绿翅鸭	0	/	0	/	2	0.025~0.099	1	仅 1 笔记录
130	黑苇鳽	0	/	2	约 0.011	0	/	0	/
131	雀鹰	0	/	0	/	0	/	2	约 0.025
132	戴胜	0	/	0	/	0	/	2	约 0.038
133	牛头伯劳	0	/	0	/	2	约 0.041	0	/
134	斑鸫	0	/	0	/	1	仅 1 笔记录	2	0.010~0.046
135	凤头鸊	0	/	2	0.006~0.029	1	仅 1 笔记录	0	/
136	蓝鹀	0	/	0	/	2	0.053~0.614	0	/
137	白鹇	1	仅 1 笔记录	0	/	0	/	0	/
138	红翅凤头鹃	1	仅 1 笔记录	0	/	0	/	0	/
139	大杜鹃	1	仅 1 笔记录	0	/	0	/	0	/

续表

序号	物种	春季		夏季		秋季		冬季	
		记录次数	估算数量/万只	记录次数	估算数量/万只	记录次数	估算数量/万只	记录次数	估算数量/万只
140	噪鹃	1	仅1笔记录	1	仅1笔记录	0	/	0	/
141	小鸦鹃	1	仅1笔记录	0	/	0	/	0	/
142	金眶鸻	1	仅1笔记录	0	/	1	仅1笔记录	0	/
143	环颈鸻	1	仅1笔记录	0	/	0	/	1	仅1笔记录
144	灰翅浮鸥	1	仅1笔记录	0	/	0	/	0	/
145	白翅浮鸥	1	仅1笔记录	0	/	0	/	0	/
146	领角鸮	1	仅1笔记录	1	仅1笔记录	0	/	0	/
147	红角鸮	1	仅1笔记录	0	/	0	/	0	/
148	灰头绿啄木鸟	1	仅1笔记录	1	仅1笔记录	0	/	0	/
149	云雀	1	仅1笔记录	0	/	0	/	0	/
150	栗头鹟莺	1	仅1笔记录	0	/	0	/	0	/
151	远东树莺	1	仅1笔记录	0	/	0	/	0	/
152	灰翅噪鹛	1	仅1笔记录	0	/	0	/	0	/
153	灰纹鹟	1	仅1笔记录	0	/	0	/	0	/
154	黄眉姬鹟	1	仅1笔记录	0	/	0	/	0	/
155	普通秋沙鸭	0	/	0	/	0	/	1	仅1笔记录
156	中华秋沙鸭	0	/	0	/	0	/	1	仅1笔记录
157	小杜鹃	0	/	1	仅1笔记录	1	仅1笔记录	0	/
158	普通秧鸡	0	/	1	仅1笔记录	0	/	0	/
159	凤头麦鸡	0	/	0	/	1	仅1笔记录	0	/
160	彩鹬	0	/	0	/	0	/	1	仅1笔记录
161	针尾沙锥	0	/	0	/	0	/	1	仅1笔记录
162	黄斑苇鳽	0	/	1	仅1笔记录	0	/	0	/
163	凤头蜂鹰	0	/	0	/	1	仅1笔记录	0	/
164	黑翅鸢	0	/	0	/	0	/	1	仅1笔记录
165	苍鹰	0	/	0	/	1	仅1笔记录	0	/
166	鹰雕	0	/	0	/	1	仅1笔记录	0	/
167	日本鹰鸮	0	/	1	仅1笔记录	0	/	1	仅1笔记录
168	大拟啄木鸟	0	/	1	仅1笔记录	0	/	0	/
169	淡绿鹀鹛	0	/	0	/	0	/	1	仅1笔记录
170	小云雀	0	/	0	/	1	仅1笔记录	0	/
171	鳞头树莺	0	/	0	/	1	仅1笔记录	0	/
172	银喉长尾山雀	0	/	1	仅1笔记录	0	/	1	仅1笔记录
173	白颊噪鹛	0	/	0	/	1	仅1笔记录	0	/
174	红尾斑鸫	0	/	0	/	0	/	1	仅1笔记录
175	太平鸟	0	/	0	/	1	仅1笔记录	0	/
176	丽星鹩鹛	0	/	0	/	1	仅1笔记录	0	/
177	橙腹叶鹎	0	/	0	/	0	/	1	仅1笔记录
178	田鹀	0	/	0	/	1	仅1笔记录	0	/
179	水鹨	0	/	1	仅1笔记录	0	/	0	/
180	栗耳鹀	0	/	0	/	1	仅1笔记录	0	/

注:单季样线记录仅1笔的无法估算数量区间。

2.非样线法调查

本次调查中,非样线内记录的鸟类有 76 种,占安吉县鸟类总数的 29.69%。由于非样线记录结果不适用于种群数量计算公式,因此无法对其种群数量进行估算。非样线内记录的具体鸟种及记录情况见表 6-5。

表 6-5　安吉县非样线法记录鸟类

序号	物种	记录方式和记录地点
1	鹌鹑	目击记录/章村镇
2	勺鸡	目击记录、红外相机照片/章村镇、天荒坪镇
3	白颈长尾雉	红外相机照片/章村镇
4	小天鹅	集群地计数法/老石坎水库(1 只)
5	鸿雁	集群地计数法/老石坎水库(2 只)
6	豆雁	集群地计数法/老石坎水库(9 只)
7	白额雁	集群地计数法/老石坎水库(6 只)
8	小白额雁	集群地计数法/老石坎水库(2 只)
9	赤麻鸭	集群地计数法/老石坎水库(1 只)
10	绿头鸭	集群地计数法/老石坎水库、天子岗水库等地(150 只)
11	斑嘴鸭	集群地计数法/老石坎水库、天子岗水库等地(25 只)
12	灰斑鸠	文献资料(《安吉县志》)/未说明具体乡镇(街道)
13	普通夜鹰	目击记录、录音/章村镇等
14	白腰雨燕	目击记录/章村镇
15	中杜鹃	目击记录、录音/章村镇等
16	董鸡	文献资料(《安吉县志》)/未说明具体乡镇(街道)
17	白骨顶	集群地计数法/老石坎水库、天子岗水库等地(13 只)
18	灰鹤	集群地计数法/老石坎水库(1 只)
19	黑翅长脚鹬	集群地计数法/老石坎水库、赋石水库等地(12 只)
20	丘鹬	红外相机照片/章村镇
21	扇尾沙锥	集群地计数法/老石坎水库(3 只)
22	鹤鹬	集群地计数法/天子湖镇等地(3 只)
23	红颈滨鹬	集群地计数法/老石坎水库、赋石水库等地(1 只)
24	黑腹滨鹬	集群地计数法/老石坎水库、赋石水库等地(1 只)
25	小黑背银鸥	集群地计数法/老石坎水库(1 只)
26	红嘴鸥	集群地计数法/老石坎水库(4 只)
27	东方白鹳	集群地计数法/老石坎水库(7 只)
28	普通鸬鹚	集群地计数法/老石坎水库(10 只)
29	白琵鹭	集群地计数法/老石坎水库(1 只)
30	鹗	目击记录、照片/章村镇
31	日本松雀鹰	网捕法/章村镇
32	灰脸鵟鹰	目击记录、照片/章村镇等
33	白腹隼雕	照片/老石坎水库
34	黄嘴角鸮	录音记录/章村镇
35	雕鸮	救助记录/山川乡

续表

序号	物种	记录方式和记录地点
36	白胸翡翠	目击记录、照片/杭垓镇、报福镇
37	黑眉拟啄木鸟	录音记录/章村镇
38	蚁䴕	目击记录/章村镇
39	游隼	目击记录、照片/章村镇
40	黑枕黄鹂	目击记录/章村镇
41	暗灰鹃鵙	录音记录/章村镇
42	灰卷尾	目击记录/章村镇
43	紫寿带	文献资料(《安吉县志》)/未说明具体乡镇(街道)
44	寿带	目击记录/章村镇
45	虎纹伯劳	目击记录/章村镇等地
46	灰喜鹊	文献资料(早期科考资料)/章村镇
47	秃鼻乌鸦	集群地计数法/梅溪镇(至少50只)
48	棕扇尾莺	照片/老石坎水库
49	东方大苇莺	目击记录/梅溪镇等地
50	小鳞胸鹪鹛	目击记录、照片/章村镇
51	矛斑蝗莺	目击记录/梅溪镇
52	小蝗莺	目击记录、照片/章村镇
53	烟腹毛脚燕	目击记录、照片/章村镇
54	黄臀鹎	目击记录、照片/章村镇、天子湖镇等
55	极北柳莺	目击记录、照片/天子湖镇、章村镇等
56	冕柳莺	目击记录、照片/报福镇
57	华南冠纹柳莺	目击记录、照片/章村镇、报福镇等
58	小黑领噪鹛	目击记录、红外相机照片/章村镇
59	普通䴓	文献资料(早期科考资料)/章村镇
60	橙头地鸫	红外相机照片/章村镇
61	白眉地鸫	红外相机照片/章村镇
62	灰背鸫	红外相机照片/章村镇等
63	白眉鸫	红外相机照片/章村镇
64	红喉歌鸲	红外相机照片/章村镇
65	蓝歌鸲	红外相机照片/章村镇
66	灰林鵖	目击记录、照片/章村镇
67	蓝矶鸫	目击记录、照片/章村镇
68	乌鹟	目击记录、照片/章村镇
69	白眉姬鹟	目击记录、照片/章村镇
70	鸲姬鹟	目击记录、照片/梅溪镇
71	铜蓝鹟	目击记录/梅溪镇
72	小太平鸟	目击记录、照片/梅溪镇
73	山鹡鸰	文献资料(《安吉县志》)/未说明具体乡镇(街道)
74	锡嘴雀	文献资料(早期科考资料)/章村镇
75	黑头蜡嘴雀	目击记录、照片/章村镇
76	苇鹀	目击记录、照片/梅溪镇、天子湖镇

6.4　居留类型与区系特征

6.4.1　居留类型

安吉县分布的 256 种鸟类中,留鸟 117 种,占安吉县鸟类总数的 45.70%;夏候鸟 35 种,占 13.67%;冬候鸟 75 种,占 29.30%;旅鸟 29 种,占 11.33%。其中,繁殖鸟(留鸟和夏候鸟之和)152 种,占总数的 59.38%;非繁殖鸟(冬候鸟和旅鸟之和)104 种,占总数的 40.62%(表 6-6)。

表 6-6　安吉县鸟类居留类型与地理区系

类型	组成	种数	占比
居留类型	留鸟	117	45.70%
	夏候鸟	35	13.67%
	冬候鸟	75	29.30%
	旅鸟	29	11.33%
地理区系	东洋界种	137	53.52%
	古北界种	112	43.75%
	广布种	7	2.73%

由于天目山脉自西南进入安吉县境内,分东、西两支环抱县境两侧,形成了三面环山的相对自然屏障,在一定程度上影响了候鸟选择在安吉迁徙过境,因此,安吉县旅鸟和候鸟的比例相对较低,留鸟的比例相对较高。

6.4.2　地理区系

安吉县鸟类东洋界种有 137 种,占安吉县鸟类总数的 53.52%;古北界种有 112 种,占安吉县鸟类总数的 43.75%;广布种有 7 种,占安吉县鸟类总数的 2.73%(图 6-4)。区内 152 种繁殖鸟中,130 种为东洋界种,占安吉县繁殖鸟总数的 85.53%;灰翅浮鸥、黑鸢、虎纹伯劳、红尾伯劳、松鸦、灰喜鹊、喜鹊、秃鼻乌鸦、大嘴乌鸦、东方大苇莺、烟腹毛脚燕、银喉长尾山雀、普通鸸、山鹡鸰、白鹡鸰、灰鹡鸰、三道眉草鹀共 17 种古北界种亦为繁殖鸟,占安吉县繁殖鸟总数的 11.18%;广布种 5 种,占安吉县繁殖鸟总数的 3.29%。

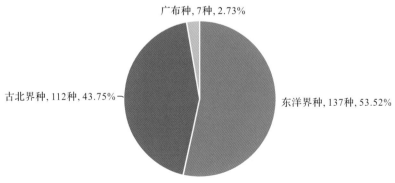

图 6-4　安吉县鸟类地理区系

区系组成上,安吉鸟类东洋界种和古北界种的比例为 137∶112,东洋界种仅略占优势。由于安吉县在中国动物地理区系上属于东洋界中印亚界的华中区东部丘陵平原亚区,在此繁殖的鸟多为东洋界种。但是,由于安吉县境内溪流众多、水系丰富,有赋石、老石坎、天子岗等湿地环境,为越冬的鸟类(尤其是水鸟)提供了良好的栖息环境,越冬鸟类(雁鸭、鸻鹬、鹪、鸥等)较多,这其中包含了大量古北界种,故古北界成分比例也比较高。

6.5　优势种与分布生境

6.5.1　优势种

数量等级划分:

$$T_i = N_i / N$$

式中:T_i 为群落中第 i 种物种的相对多度;N_i 为群落中第 i 种物种的个数;N 为群落中总个数。

把 $0\% < T_i \leqslant 0.05\%$ 的物种数量等级定义为罕见"+",$0.05\% < T_i \leqslant 0.5\%$ 的物种数量等级定义为少见"++",$0.5\% < T_i \leqslant 5\%$ 的物种数量等级定义为易见"+++",$T_i >$ 5% 的物种数量等级定义为常见"++++"。

通过对野外调查数据的统计,得出安吉县境内常见鸟种是家燕、金腰燕、白头鹎、麻雀、白鹡鸰共 5 种;易见鸟种有珠颈斑鸠、红头长尾山雀、白鹭、棕背伯劳、大山雀、黑短脚鹎、棕脸鹟莺、暗绿绣眼鸟、灰眶雀鹛、乌鸫、灰头鸫等共 29 种;少见鸟种有凤头鹛鹛、三宝鸟、小灰山椒鸟、灰喉山椒鸟、黑卷尾、秃鼻乌鸦、黄腹山雀、棕噪鹛、黑领噪鹛、紫啸鸫等共 55 种;罕见鸟种有白翅浮鸥、东方白鹳、黑冠鹃隼、黑翅鸢、苍鹰、鹰雕、日本鹰鸮、白胸翡翠、蓝翡翠、游隼、黑枕黄鹂、寿带、小嘴乌鸦、小蝗莺、橙头地鸫、丘鹬、雕鸮、黑头蜡嘴雀、小鳞胸鹪鹛等共 159 种。

安吉县鸟类数量等级与生境类型见表 6-7。

表 6-7　安吉县鸟类数量等级与生境类型

目、科、种	数量等级	生境类型
一、鸡形目 GALLIFORMES		
（一）雉科 Phasianidae		
1. 鹌鹑 *Coturnix japonica*	+	A、H
2. 灰胸竹鸡 *Bambusicola thoracica*	+++	A、C、F、H
3. 勺鸡 *Pucrasia macrolopha*	+	C、D
4. 白鹇 *Lophura nycthemera*	+	C、D
5. 白颈长尾雉 *Syrmaticus ellioti*	+	D、F
6. 环颈雉 *Phasianus colchicus*	+	A、C、G、H
二、雁形目 ANSERIFORMES		
（二）鸭科 Anatidae		
7. 小天鹅 *Cygnus columbianus*	+	I

续表

目、科、种	数量等级	生境类型
8. 鸿雁 *Anser cygnoides*	＋	I
9. 豆雁 *Anser fabalis*	＋	I
10. 白额雁 *Anser albifrons*	＋	I
11. 小白额雁 *Anser erythropus*	＋	I
12. 赤麻鸭 *Tadorna ferruginea*	＋	I
13. 鸳鸯 *Aix galericulata*	＋	I
14. 绿翅鸭 *Anas crecca*	＋	I
15. 绿头鸭 *Anas platyrhynchos*	＋＋	I
16. 斑嘴鸭 *Anas zonorhyncha*	＋	I
17. 普通秋沙鸭 *Mergus merganser*	＋	I
18. 中华秋沙鸭 *Mergus squamatus*	＋	I
三、䴙䴘目 PODICIPEDIFORMES		
（三）䴙䴘科 Podicipedidae		
19. 小䴙䴘 *Tachybaptus ruficollis*	＋＋	I
20. 凤头䴙䴘 *Podiceps cristatus*	＋＋	I
四、鸽形目 COLUMBIFORMES		
（四）鸠鸽科 Columbidae		
21. 山斑鸠 *Streptopelia orientalis*	＋＋	A、B、C、D、E、F、H
22. 灰斑鸠 *Streptopelia decaocto* *	/	/
23. 珠颈斑鸠 *Streptopelia chinensis*	＋＋＋	A、B、C、D、E、F、H
五、夜鹰目 CAPRIMULGIFORMES		
（五）夜鹰科 Caprimulgidae		
24. 普通夜鹰 *Caprimulgus indicus*	＋	D、E、F
（六）雨燕科 Apodidae		
25. 白腰雨燕 *Apus pacificus*	＋	C、D
六、鹃形目 CUCULIFORMES		
（七）杜鹃科 Cuculidae		
26. 红翅凤头鹃 *Clamator coromandus*	＋	C、D
27. 大鹰鹃 *Hierococcyx sparverioides*	＋	A、D、F
28. 四声杜鹃 *Cuculus micropterus*	＋	A、C、D、F
29. 大杜鹃 *Cuculus canorus*	＋	A、E
30. 中杜鹃 *Cuculus saturatus*	＋	E、F
31. 小杜鹃 *Cuculus poliocephalus*	＋	C、D
32. 噪鹃 *Eudynamys scolopaceus*	＋	A、D
33. 小鸦鹃 *Centropus bengalensis*	＋	D、G
七、鹤形目 GRUIFORMES		
（八）秧鸡科 Rallidae		
34. 普通秧鸡 *Rallus indicus*	＋	A、I
35. 白胸苦恶鸟 *Amaurornis phoenicurus*	＋	A、D
36. 红脚田鸡 *Zapornia akool*	＋＋	A、C、I
37. 董鸡 *Gallicrex cinerea* *	/	/

续表

目、科、种	数量等级	生境类型
38. 黑水鸡 *Gallinula chloropus*	＋＋	A、I
39. 白骨顶 *Fulica atra*	＋	I
（九）鹤科 Gruidae		
40. 灰鹤 *Grus grus*	＋	I
八、鸻形目 CHARADRIIFORMES		
（十）反嘴鹬科 Recurvirostridae		
41. 黑翅长脚鹬 *Himantopus himantopus*	＋	I
（十一）鸻科 Charadriidae		
42. 凤头麦鸡 *Vanellus vanellus*	＋	G、I
43. 灰头麦鸡 *Vanellus cinereus*	＋＋	A、G、I
44. 长嘴剑鸻 *Charadrius placidus*	＋	A、I
45. 金眶鸻 *Charadrius dubius*	＋	A、I
46. 环颈鸻 *Charadrius alexandrinus*	＋	I
（十二）彩鹬科 Rostratulidae		
47. 彩鹬 *Rostratula benghalensis*	＋	A、I
（十三）鹬科 Scolopacidae		
48. 丘鹬 *Scolopax rusticola*	＋	D
49. 针尾沙锥 *Gallinago stenura*	＋	I
50. 扇尾沙锥 *Gallinago gallinago*	＋	A
51. 鹤鹬 *Tringa erythropus*	＋	I
52. 青脚鹬 *Tringa nebularia*	＋	I
53. 白腰草鹬 *Tringa ochropus*	＋＋	A、I
54. 林鹬 *Tringa glareola*	＋＋	A、I
55. 矶鹬 *Actitis hypoleucos*	＋	A、I
56. 红颈滨鹬 *Calidris ruficollis*	＋	I
57. 黑腹滨鹬 *Calidris alpina*	＋	I
（十四）鸥科 Laridae		
58. 小黑背银鸥 *Larus fuscus*	＋	I
59. 红嘴鸥 *Chroicocephalus ridibundus*	＋	I
60. 灰翅浮鸥 *Chlidonias hybrida*	＋	I
61. 白翅浮鸥 *Chlidonias leucopterus*	＋	I
九、鹳形目 CICONIIFORMES		
（十五）鹳科 Ciconiidae		
62. 东方白鹳 *Ciconia boyciana*	＋	I
十、鲣鸟目 SULIFORMES		
（十六）鸬鹚科 Phalacrocoracidae		
63. 普通鸬鹚 *Phalacrocorax carbo*	＋	I
十一、鹈形目 PELECANIFORMES		
（十七）鹮科 Threskiornithidae		
64. 白琵鹭 *Platalea leucorodia*	＋	I
（十八）鹭科 Ardeidae		
65. 苍鹭 *Ardea cinerea*	＋＋	A、I

续表

目、科、种	数量等级	生境类型
66. 大白鹭 *Ardea alba*	+	A、I
67. 中白鹭 *Ardea intermedia*	++	A、G、I
68. 白鹭 *Egretta garzetta*	+++	A、B、C、E、I
69. 牛背鹭 *Bubulcus ibis*	+++	A、C、G、I
70. 池鹭 *Ardeola bacchus*	++	A、I
71. 夜鹭 *Nycticorax nycticorax*	++	A、D、I
72. 黄斑苇鳽 *Ixobrychus sinensis*	+	G、I
73. 黑苇鳽 *Dupetor flavicollis*	+	G、I
十二、鹰形目 ACCIPITRIFORMES		
（十九）鹗科 Pandionidae		
74. 鹗 *Pandion haliaetus*	+	I
（二十）鹰科 Accipitridae		
75. 黑冠鹃隼 *Aviceda leuphotes*	+	A、D、I
76. 凤头蜂鹰 *Pernis ptilorhynchus*	+	D、E
77. 黑翅鸢 *Elanus caeruleus*	+	D
78. 黑鸢 *Milvus migrans*	+	A、B、I
79. 蛇雕 *Spilornis cheela*	+	C、D、F
80. 凤头鹰 *Accipiter trivirgatus*	+	C、D、E、F
81. 赤腹鹰 *Accipiter soloensis*	+	A、C、D、E、F
82. 日本松雀鹰 *Accipiter gularis*	+	D
83. 松雀鹰 *Accipiter virgatus*	+	A、C、E、F
84. 雀鹰 *Accipiter nisus*	+	A、D
85. 苍鹰 *Accipiter gentilis*	+	D
86. 灰脸𫛭鹰 *Butastur indicus*	+	
87. 普通𫛭 *Buteo japonicus*	+	A、D、E
88. 林雕 *Ictinaetus malaiensis*	+	A、C、D
89. 白腹隼雕 *Aquila fasciata*	+	G
90. 鹰雕 *Nisaetus nipalensis*	+	D
十三、鸮形目 STRIGIFORME		
（二十一）鸱鸮科 Strigidae		
91. 领角鸮 *Otus lettia*	+	A、D、E
92. 红角鸮 *Otus sunia*	+	D
93. 黄嘴角鸮 *Otus spilocephalus*	+	D
94. 雕鸮 *Bubo bubo*	+	D
95. 领鸺鹠 *Glaucidium brodiei*	+	C、D
96. 斑头鸺鹠 *Glaucidium cuculoides*	+	A、D
97. 日本鹰鸮 *Ninox japonica*	+	A、D
十四、犀鸟目 BUCEROTIFORMES		
（二十二）戴胜科 Upupidae		
98. 戴胜 *Upupa epops*	+	A、B、I
十五、佛法僧目 CORACIIFORMES		
（二十三）佛法僧科 Coraciidae		
99. 三宝鸟 *Eurystomus orientalis*	++	A、B、C、D、F

续表

目、科、种	数量等级	生境类型
（二十四）翠鸟科 Alcedinidae		
100.普通翠鸟 *Alcedo atthis*	++	A、C、I
101.白胸翡翠 *Halcyon smyrnensis*	+	A、I
102.蓝翡翠 *Halcyon pileata*	+	A、C、D、F、I
103.冠鱼狗 *Megaceryle lugubris*	+	I
104.斑鱼狗 *Ceryle rudis*	+	I
十六、啄木鸟目 PICFORMES		
（二十五）拟啄木鸟科 Capitonidae		
105.大拟啄木鸟 *Psilopogon virens*	+	D
106.黑眉拟啄木鸟 *Psilopogon faber*	+	D
（二十六）啄木鸟科 Picidae		
107.蚁䴕 *Jynx torquilla*	+	A、H
108.斑姬啄木鸟 *Picumnus innominatus*	+	C、D
109.星头啄木鸟 *Dendrocopos canicapillus*	+	D、F
110.大斑啄木鸟 *Dendrocopos major*	+	D、F
111.灰头绿啄木鸟 *Picus canus*	+	C、D、F
十七、隼形目 FALCONIFORMES		
（二十七）隼科 Falconidae		
112.红隼 *Falco tinnunculus*	+	A、B、G
113.游隼 *Falco peregrinus*	+	D
十八、雀形目 PASSERIFORMES		
（二十八）黄鹂科 Oriolidae		
114.黑枕黄鹂 *Oriolus chinensis*	+	D
（二十九）莺雀科 Vireondiae		
115.淡绿鵙鹛 *Pteruthius xanthochlorus*	+	C、D、F
（三十）山椒鸟科 Campephagidae		
116.暗灰鹃鵙 *Lalage melaschistos*	+	A、C、D
117.小灰山椒鸟 *Pericrocotus cantonensis*	++	D、F
118.灰喉山椒鸟 *Pericrocotus solaris*	++	A、C、D、E、F
（三十一）卷尾科 Dicruridae		
119.黑卷尾 *Dicrurus macrocercus*	++	A、C、D、F
120.灰卷尾 *Dicrurus leucophaeus*	+	D
121.发冠卷尾 *Dicrurus hottentottus*	++	A、C、D、E、F、I
（三十二）王鹟科 Monarvhidae		
122.紫寿带 *Terpsiphone atrocaudata* *	/	/
123.寿带 *Terpsiphone incei*	+	D
（三十三）伯劳科 Laniidae		
124.虎纹伯劳 *Lanius tigrinus*	+	A、C、D
125.牛头伯劳 *Lanius bucephalus*	+	A、C、D
126.红尾伯劳 *Lanius cristatus*	++	A、C、D
127.棕背伯劳 *Lanius schach*	+++	A、B、C、D、E、F、G、H、I

续表

目、科、种	数量等级	生境类型
(三十四)鸦科 Corvidae		
128. 松鸦 *Garrulus glandarius*	++	C、D、E、F
129. 灰喜鹊 *Cyanopica cyanus* *	/	/
130. 红嘴蓝鹊 *Urocissa erythroryncha*	+++	A、B、C、D、E、F、I
131. 灰树鹊 *Dendrocitta formosae*	+++	A、C、D、E、F、I
132. 喜鹊 *Pica pica*	++	A、B、D、G、H、I
133. 秃鼻乌鸦 *Corvus frugilegus*	++	A
134. 小嘴乌鸦 *Corvus corone*	+	A
135. 大嘴乌鸦 *Corvus macrorhynchos*	++	A、C、E、F
136. 白颈鸦 *Corvus pectoralis*	+	A、B
(三十五)山雀科 Paridae		
137. 黄腹山雀 *Pardaliparus venustulus*	++	A、C、D、E、H
138. 大山雀 *Parus cinereus*	+++	A、B、C、D、E、F、H、I
(三十六)百灵科 Alaudidae		
139. 云雀 *Alauda arvensis* *	/	/
140. 小云雀 *Alauda gulgula*	+	A、G、H
(三十七)扇尾莺科 Cisticolidae		
141. 棕扇尾莺 *Cisticola juncidis*	+	G
142. 纯色山鹪莺 *Prinia inornata*	++	A、G、H
(三十八)苇莺科 Acrocephalidae		
143. 东方大苇莺 *Acrocephalus orientalis*	+	A、G
(三十九)鳞胸鹪鹛科 Pnoepygidae		
144. 小鳞胸鹪鹛 *Pnoepyga pusilla*	+	D、H
(四十)蝗莺科 Locustellidae		
145. 矛斑蝗莺 *Locustella lanceolata*	+	G
146. 小蝗莺 *Locustella certhiola*	+	G、H
(四十一)燕科 Hirundinidae		
147. 家燕 *Hirundo rustica*	++++	A、B、C、D、F、G、I
148. 金腰燕 *Cecropis daurica*	++++	A、B、C、D、E、F、I
149. 烟腹毛脚燕 *Delichon dasypus*	+	D
(四十二)鹎科 Pycnonntidae		
150. 领雀嘴鹎 *Spizixos semitorques*	+++	A、B、C、D、E、F
151. 黄臀鹎 *Pycnonotus xanthorrhous*	+	A
152. 白头鹎 *Pycnonotus sinensis*	++++	A、B、C、D、E、F
153. 栗背短脚鹎 *Hemixos castanonotus*	+++	A、C、D、E、F
154. 绿翅短脚鹎 *Ixos mcclellandii*	++	A、C、D、E、F
155. 黑短脚鹎 *Hypsipetes leucocephalus*	+++	A、C、D、E、F
(四十三)柳莺科 Phylloscopidae		
156. 褐柳莺 *Phylloscopus fuscatus*	+	A、G、H
157. 黄腰柳莺 *Phylloscopus proregulus*	++	A、B、C、D、E、F
158. 黄眉柳莺 *Phylloscopus inornatus*	++	A、B、C、D

续表

目、科、种	数量等级	生境类型
159. 极北柳莺 *Phylloscopus borealis*	+	D
160. 冕柳莺 *Phylloscopus coronatus*	+	H
161. 华南冠纹柳莺 *Phylloscopus goodsoni*	+	D、E、F
162. 栗头鹟莺 *Seicercus castaniceps*	+	C、D、F
(四十四)树莺科 Cettiidae		
163. 鳞头树莺 *Urosphena squameiceps*	+	H
164. 远东树莺 *Horornis canturians*	+	D
165. 强脚树莺 *Horornis fortipes*	+++	C、D、E、F、H
166. 棕脸鹟莺 *Abroscopus albogularis*	+++	C、D、E、F、H、I
(四十五)长尾山雀科 Aegithalidae		
167. 银喉长尾山雀 *Aegithalos glaucogularis*	+	D、G
168. 红头长尾山雀 *Aegithalos concinnus*	+++	A、C、D、E、F、H
(四十六)莺鹛科 Sylviidae		
169. 灰头鸦雀 *Psittiparus gularis*	++	C、D
170. 棕头鸦雀 *Sinosuthora webbiana*	+++	A、C、D、F、G、H
171. 短尾鸦雀 *Neosuthora davidiana*	++	C、D、H
(四十七)绣眼鸟科 Zosteropidae		
172. 暗绿绣眼鸟 *Zosterops japonicus*	+++	A、C、D、E、F、H
173. 栗耳凤鹛 *Yuhina castaniceps*	++	C、D、F、H
(四十八)林鹛科 Timaliidae		
174. 华南斑胸钩嘴鹛 *Erythrogenys swinhoei*	+	D、E、F、H
175. 棕颈钩嘴鹛 *Pomatorhinus ruficollis*	++	A、C、D、E、F、H
176. 红头穗鹛 *Cyanoderma ruficeps*	++	A、C、D、E、F、H
(四十九)幽鹛科 Pellorneidae		
177. 灰眶雀鹛 *Alcippe morrisonia*	+++	C、D、E、F、H
(五十)噪鹛科 Leiothrichidae		
178. 黑脸噪鹛 *Garrulax perspicillatus*	+++	A、C、D、H
179. 小黑领噪鹛 *Garrulax moniliger*	+	D、H
180. 黑领噪鹛 *Garrulax pectoralis*	++	A、C、D、E、F
181. 灰翅噪鹛 *Garrulax cineraceus*	+	C、D、H
182. 棕噪鹛 *Garrulax poecilorhynchus*	++	D、F
183. 画眉 *Garrulax canorus*	++	A、C、D、E、F、H
184. 白颊噪鹛 *Garrulax sannio*	+	D、H
185. 红嘴相思鸟 *Leiothrix lutea*	++	D、F、H
(五十一)鸭科 Sittidae		
186. 普通鸭 *Sitta europaea* *	/	/
(五十二)河乌科 Cinclidae		
187. 褐河乌 *Cinclus pallasii*	+	I
(五十三)椋鸟科 Sturnidae		
188. 八哥 *Acridotheres cristatellus*	+++	A、B、D
189. 丝光椋鸟 *Spodiopsar sericeus*	+++	A、B、D
190. 灰椋鸟 *Spodiopsar cineraceus*	++	A、D

续表

目、科、种	数量等级	生境类型
(五十四)鸫科 Turdidae		
191. 橙头地鸫 *Geokichla citrina*	+	D
192. 白眉地鸫 *Geokichla sibirica*	+	D
193. 虎斑地鸫 *Zoothera aurea*	+	C、D
194. 灰背鸫 *Turdus hortulorum*	+	D、H
195. 乌鸫 *Turdus mandarinus*	+++	A、B、C、D、E、F
196. 白眉鸫 *Turdus obscurus*	+	H
197. 白腹鸫 *Turdus pallidus*	+	A、D、H
198. 红尾斑鸫 *Turdus naumanni*	+	A、D、H
199. 斑鸫 *Turdus eunomus*	+	A、D、H
(五十五)鹟科 Muscicapidae		
200. 红尾歌鸲 *Larvivora sibilans*	+	D、H
201. 北红尾鸲 *Phoenicurus auroreus*	+++	A、B、C、D、E、F、H
202. 红尾水鸲 *Rhyacornis fuliginosa*	++	A、B、D、F、I
203. 红喉歌鸲 *Calliope calliope*	+	D、H
204. 蓝歌鸲 *Larvivora cyane*	+	D、H
205. 红胁蓝尾鸲 *Tarsiger cyanurus*	++	A、B、C、D、E、H、I
206. 鹊鸲 *Copsychus saularis*	++	A、B、C、D、H
207. 小燕尾 *Enicurus scouleri*	+	D、I
208. 灰背燕尾 *Enicurus schistaceus*	++	A、C、D、I
209. 白额燕尾 *Enicurus leschenaulti*	++	A、B、C、D、F、I
210. 黑喉石䳭 *Saxicola maurus*	++	A、C、G
211. 灰林䳭 *Saxicola ferreus*	+	D
212. 栗腹矶鸫 *Monticola rufiventris*	+	D、F
213. 蓝矶鸫 *Monticola solitarius*	+	D、E
214. 紫啸鸫 *Myophonus caeruleus*	++	A、B、C、D、I
215. 灰纹鹟 *Muscicapa griseisticta*	+	A、D
216. 乌鹟 *Muscicapa sibirica*	+	D
217. 北灰鹟 *Muscicapa dauurica*	+	A、F
218. 白眉姬鹟 *Ficedula zanthopygia*	+	D、F
219. 黄眉姬鹟 *Ficedula narcissina*	+	D
220. 鸲姬鹟 *Ficedula mugimaki*	+	D、H
221. 白腹蓝鹟 *Cyanoptila cyanomelana*	+	C、D、H
222. 铜蓝鹟 *Eumyias thalassinus*	+	D
(五十六)太平鸟科 Bombycillidae		
223. 太平鸟 *Bombycilla garrulus*	+	D
224. 小太平鸟 *Bombycilla japonica*	+	D
(五十七)丽星鹩鹛科 Elachuridae		
225. 丽星鹩鹛 *Elachura formosa*	+	H
(五十八)叶鹎科 Chloropseidae		
226. 橙腹叶鹎 *Chloropsis hardwickii*	+	D
(五十九)梅花雀科 Estrildidae		
227. 白腰文鸟 *Lonchura striata*	+++	A、B、C、D、E、F、H

续表

目、科、种	数量等级	生境类型
228.斑文鸟 Lonchura punctulata	＋＋＋	A、B、D、E、H
（六十）雀科 Passeridae		
229.山麻雀 Passer cinnamomeus	＋＋＋	A、B、C、D、E、F、H
230.麻雀 Passer montanus	＋＋＋＋	A、B、C、D、E、F、G、H、I
（六十一）鹡鸰科 Motacillidae		
231.山鹡鸰 Dendronanthus indicus *	/	/
232.白鹡鸰 Motacilla alba	＋＋＋＋	A、B、C、D、E、F、G、H、I
233.黄鹡鸰 Motacilla tschutschensis	＋	A、H、I
234.灰鹡鸰 Motacilla cinerea	＋＋	A、B、C、D、G、I
235.田鹨 Anthus richardi	＋＋	A
236.树鹨 Anthus hodgsoni	＋＋＋	A、C、D、E、H、I
237.水鹨 Anthus spinoletta	＋	A、H
238.黄腹鹨 Anthus rubescens	＋＋	A、G
（六十二）燕雀科 Fringillidae		
239.燕雀 Fringilla montifringilla	＋＋＋	A、C、D
240.黄雀 Spinus spinus	＋＋	A、D、H
241.金翅雀 Chloris sinica	＋＋＋	A、B、C、D、E、F、H、I
242.锡嘴雀 Coccothraustes coccothraustes *	/	/
243.黑尾蜡嘴雀 Eophona migratoria	＋	D
244.黑头蜡嘴雀 Eophona personata	＋	D
（六十三）鹀科 Emberizidae		
245.凤头鹀 Melophus lathami	＋	A、C
246.蓝鹀 Emberiza siemsseni	＋	C、D
247.三道眉草鹀 Emberiza cioides	＋＋	A、C、D、H
248.白眉鹀 Emberiza tristrami	＋＋	A、C、D、H
249.栗耳鹀 Emberiza fucata	＋	D、G
250.小鹀 Emberiza pusilla	＋＋	A、C、D、H
251.黄眉鹀 Emberiza chrysophrys	＋＋	A、C、H
252.田鹀 Emberiza rustica	＋	A、C、D
253.黄喉鹀 Emberiza elegans	＋＋	A、C、D、F、H
254.栗鹀 Emberiza rutila	＋	A、H
255.灰头鹀 Emberiza spodocephala	＋＋＋	A、C、D、E、G、H
256.苇鹀 Emberiza pallasi	＋	G

注：①数量等级中，"＋"表示罕见；"＋＋"表示少见；"＋＋＋"表示易见；"＋＋＋＋"表示常见。

②生境类型中，"A"表示农田；"B"表示村庄；"C"表示竹林；"D"表示阔叶林；"E"表示针叶林；"F"表示针阔叶混交林；"G"表示草荡；"H"表示灌丛；"I"表示溪流与库塘。

③"＊"表示该物种记录来自历史文献资料，本次调查中未记录。

6.5.2　生境类型

将安吉县记录的鸟类所分布的生境划分为 9 大类型：A 表示农田（包括水田、茶园、果园和旱地);B表示村庄(城镇);C表示竹林(毛竹林、箬竹林等);D表示阔叶林;E表示针叶林;F表示针阔叶混交林;G表示草荡(草地、高草丛、芦苇丛);H表示灌丛(灌木);I表示溪流与库塘(包括水库、河流、浅滩、养殖塘)。

9种生境类型中,在农田(A)记录到的有灰胸竹鸡、环颈雉、大鹰鹃、黑水鸡、长嘴剑鸻、扇尾沙锥、牛背鹭、戴胜、大嘴乌鸦、喜鹊、八哥、斑文鸟等鸟类共计124种;村庄(B)生境下记录到的有珠颈斑鸠、山斑鸠、棕背伯劳、红嘴蓝鹊、家燕、金腰燕、丝光椋鸟、白头鹎、白鹡鸰、乌鸫、鹊鸲、白颈鸦等鸟类共34种;竹林(C)生境下记录到白鹇、勺鸡、白腰雨燕、小杜鹃、蛇雕、发冠卷尾、领鸺鹠、虎纹伯劳、灰树鹊、黄腰柳莺、灰喉山椒鸟、领雀嘴鹎等鸟类共91种;阔叶林(D)生境下记录到白颈长尾雉、普通夜鹰、红翅凤头鹃、噪鹃、凤头蜂鹰、林雕、普通鵟、鹰雕、黄嘴角鸮、黑耳拟啄木鸟、灰头绿啄木鸟、红隼等鸟类共153种;针叶林(E)生境下记录到大杜鹃、凤头鹰、松雀鹰、松鸦、领角鸮、华南冠纹柳莺、棕颈钩嘴鹛、大山雀、红胁蓝尾鸲、北红尾鸲、金翅雀、灰头鹀等鸟类共51种;针阔叶混交林(F)生境下记录到中杜鹃、赤腹鹰、大斑啄木鸟、星头啄木鸟、绿翅短脚鹎、栗背短脚鹎、栗头鹟莺、红嘴相思鸟、山麻雀、淡绿鹀鹛、白眉姬鹟、黄喉鹀等鸟类共65种;草荡(G)生境下记录到鸟类环颈雉、小鸦鹃、灰头麦鸡、黄斑苇鳽、黑苇鳽、东方大苇莺、棕扇尾莺、矛斑蝗莺、黑喉石鵖、灰鹡鸰、小云雀、苇鹀等共30种;灌丛(H)生境下记录到鹌鹑、蚁䴕、鳞头树莺、冕柳莺、红头长尾山雀、强脚树莺、华南斑胸钩嘴鹛、灰翅噪鹛、画眉、红喉歌鸲、红尾斑鸫、丽星鹪鹛、水鹨栗鹀等鸟类共64种;溪流与库塘(I)生境下记录到小天鹅、中华秋沙鸭、小䴙䴘、普通秧鸡、白骨顶、灰鹤、长嘴剑鸻、矶鹬、灰翅浮鸥、东方白鹳、鹗、黑鸢、冠鱼狗、小燕尾等鸟类共81种。

区内各生境下鸟类种类数量关系为:阔叶林(D)＞农田(A)＞竹林(C)＞溪流与库塘(I)＞针阔叶混交林(F)＞灌丛(H)＞针叶林(E)＞村庄(B)＞草荡(G)。

通过对不同生境的鸟类群落相似性进行比较(表6-8),可以看出:草荡、溪流与库塘生境的鸟类群落结构与其他群落有明显差异;阔叶林鸟类群落与针叶林鸟类群落相似程度最高,为0.690;其次是阔叶林鸟类群落与竹林鸟类群落,其相似系数为0.656;第三位的是竹林鸟类群落和针阔叶混交林鸟类群落,为0.641。

表 6-8　安吉县鸟类分布生境相似性矩阵表

	村庄	竹林	阔叶林	针叶林	针阔叶混交林	草荡	灌丛	溪流与库塘
农田	0.430	0.633	0.563	0.457	0.455	0.247	0.457	0.410
村庄		0.400	0.310	0.447	0.404	0.219	0.286	0.296
竹林			0.656	0.577	0.641	0.165	0.465	0.256
阔叶林				0.451	0.550	0.120	0.452	0.197
针叶林					0.690	0.099	0.417	0.197
针阔叶混交林						0.105	0.372	0.192
草荡							0.234	0.216
灌丛								0.138

相似性系数采用 Sorenson 指数：

$$S = 2C/(A+B)$$

式中：S 为相似性系数；A 为群落 A 中的种数；B 为群落 B 中的种数；C 为 A、B 两者共有的种数。

6.6 季节变化与鸟类分布组成

6.6.1 各季节鸟类居留类型与区系特征

如图 6-5 所示，春季调查（3—5 月）共发现鸟类 127 种，占安吉县鸟类总数的 49.61％。其中，留鸟最多，共有 81 种，占春季鸟类调查总数的 63.78％；由于早春时部分冬候鸟（如树鹨、黑喉石䳭、黑尾蜡嘴雀、黄喉鹀等）尚未迁徙离开，而 5 月前部分夏候鸟（如赤腹鹰、黑冠鹃隼、黑卷尾、三宝鸟）已抵达境内，其间还有一些旅鸟过境，整个春季共调查到的冬候鸟有 19 种，占春季鸟类调查总数的 14.96％；旅鸟有 9 种，占春季鸟类调查总数的 7.09％；夏候鸟有 18 种，占春季鸟类调查总数的 14.17％。如图 6-6 所示，从地理区系看，东洋界种有 90 种，占春季鸟类调查总数的 70.87％；古北界种占春季鸟类调查总数的 25.20％；广布种占春季鸟类调查总数的 3.94％。

如图 6-5 所示，夏季调查（6—8 月）共发现鸟类 93 种，占安吉县鸟类总数的 36.33％。其中，留鸟共有 70 种，占夏季鸟类调查总数的 75.27％；夏候鸟有 18 种，占夏季鸟类调查总数的 19.35％；旅鸟和冬候鸟占夏季鸟类调查总数的比例分别为 1.08％和 4.30％，夏季调查发现 1 种旅鸟为林鹬，在浙江省内其他地区 8 月下旬有观测记录，属于迁徙较早的过境旅鸟；4 种冬候鸟分别为灰头麦鸡、长嘴剑鸻、青脚鹬、矶鹬，参照《浙江动物志》，上述 4 种鸟在浙江省的居留类型为冬候鸟，其种群中大部分在我省越冬后于春季迁离出境，调查中发现灰头麦鸡在夏季在安吉县有繁殖记录，而长嘴剑鸻、青脚鹬、矶鹬在夏季也有极少数不参与繁殖的个体滞留境内。如图 6-6 所示，从地理区系看，东洋界种有 77 种，占夏季鸟类调查总数的 82.80％；古北界种占夏季鸟类调查总数的 12.90％；广布种占夏季鸟类调查总数的 4.30％。

如图 6-5 所示，秋季调查（9—11 月）共发现鸟类 117 种，占安吉县鸟类记录总数的 45.70％。其中，留鸟有 73 种，占秋季鸟类调查总数的 62.39％；由于部分夏候鸟尚未迁离，其间又有一些旅鸟过境，分别记录到 6 种夏候鸟和 6 种旅鸟，各占秋季鸟类调查总数的 5.13％。如图 6-6 所示，从地理区系看，东洋界种有 68 种，占秋季鸟类调查总数的 58.12％；古北界种占秋季鸟类调查总数的 36.75％；广布种占秋季鸟类调查总数的 5.13％。

如图 6-5 所示，冬季调查（12 月至翌年 2 月）共发现鸟类 134 种，占安吉鸟类记录总数的 52.34％。其中，留鸟有 79 种，占冬季鸟类调查总数的 58.96％；冬候鸟有 51 种，占冬季鸟类调查总数的 38.06％；夏候鸟有 0 种；旅鸟有 4 种，占冬季鸟类调查总数的 2.99％。如图 6-6 所示，从地理区系看，东洋界种有 68 种，占冬季鸟类调查总数的 50.75％；古北界种占冬季鸟类调查总数的 45.52％；广布种占冬季鸟类调查总数的 3.73％。

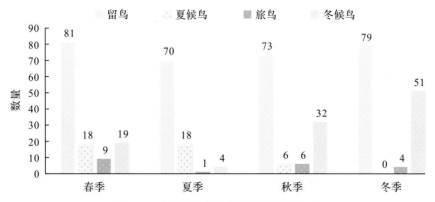

图 6-5　安吉县鸟类各季节居留类型组成

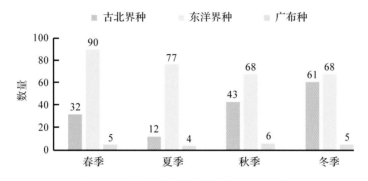

图 6-6　安吉县鸟类各季节地理区系组成

6.6.2　各季节鸟类多样性

丰富度即物种的种数,多样性指数采用 G-F 指数公式计算,结果如图 6-7 所示。春季安吉境内气候温和、雨量充沛,鸟类食物来源也较为丰富,一些进入繁殖期的鸟类较为活跃,调查共记录到鸟类 127 种,多样性指数为 0.8132;夏季由于气候炎热,一些鸟类活

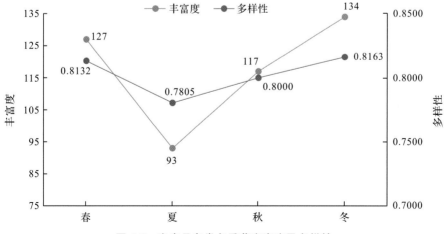

图 6-7　安吉县鸟类各季节丰富度及多样性

跃度降低,加之植被茂密,一定程度上也增加了观察的难度,调查发现的种类和数量都明显下降,共记录鸟类93种,多样性指数0.7805,丰富度及多样性为四季中最低水平;秋季境内持续的高温天气逐渐褪去,随着迁徙候鸟的过境,鸟类种类和数量有所回升,共记录鸟类117种,多样性指数0.8000;冬季气温下降,最低温时山区地带伴有积雪,鸟类的数量下降明显,而境内几个大型水库和周围的农田、果园内能观察到各种越冬的候鸟,如雁鸭类、鸻鹬类、鸦类、鸫类等,共记录鸟类134种,多样性指数0.8163,丰富度及多样性为四季当中最多。

6.6.3　各季节鸟类优势种与分布生境

春季调查记录到鸟类约1.38万只,为四季当中最多。记录到鸟类种类最多的生境为农田(91种),排在第二的是阔叶林(68种),第三是竹林(57种),第四是溪流与库塘(52种),后续依次为村庄(51种)、灌丛(40种)、针叶林(29种)、针阔叶混交林(15种)、草荡(14种)(图6-8)。春季常见鸟种有白头鹎、棕头鸦雀、麻雀等3种;易见鸟种有珠颈斑鸠、家燕、白鹭、牛背鹭、红嘴蓝鹊、大山雀、金腰燕、领雀嘴鹎、黑短脚鹎、强脚树莺、棕脸鹟莺、红头长尾山雀等25种;少见鸟种有大鹰鹃、灰头麦鸡、灰翅浮鸥、白翅浮鸥、大白鹭、凤头鹰、赤腹鹰、三宝鸟、蓝翡翠、栗鹀等50种;罕见鸟种有白鹇、红翅凤头鹃、小鸦鹃、金眶鸻、领角鸮、红角鸮、斑头鸺鹠、星头啄木鸟、灰头绿啄木鸟、白颈鸦、远东树莺等49种。

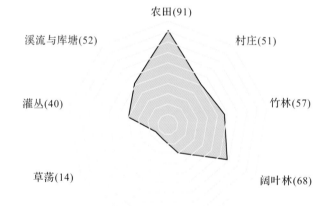

图6-8　安吉县鸟类春季各生境下种类数量

夏季样线调查记录到鸟类约0.97万只,为四季当中最低。记录到鸟类种类最多的生境为阔叶林(59种),第二是竹林(52种),第三是农田(41种),第四是溪流与库塘(38种),后续依次为村庄(36种)、针阔叶混交林(34种)、针叶林(31种)、灌丛(28种)、草荡(8种)(图6-9)。夏季常见鸟种有家燕、金腰燕、白头鹎、麻雀共4种;易见鸟种有灰胸竹鸡、珠颈斑鸠、牛背鹭、发冠卷尾、强脚树莺、暗绿绣眼鸟、灰眶雀鹛、乌鸫、白腰文鸟、白鹡鸰等28种;少见鸟种有林鹬、普通翠鸟、松鸦、华南冠纹柳莺、银喉长尾山雀、灰头鸦雀、短尾鸦雀、华南斑胸钩嘴鹛、棕噪鹛、红嘴相思鸟等31种;罕见鸟种有中杜鹃、小杜鹃、长嘴剑鸻、矶鹬、青脚鹬、黑苇鳽、斑鱼狗、黄腹山雀、蛇雕、领角鸮等 30 种。

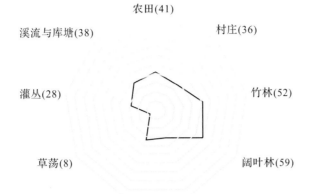

图 6-9　安吉县鸟类夏季各生境下种类数量

秋季样线调查记录到鸟类约 1.23 万只。记录到鸟类种类最多的生境为农田(60种),第二是竹林(51 种),第三是溪流与库塘(50 种),第四是阔叶林(49 种),后续依次为村庄(40 种)、灌丛(38 种)、针叶林(32 种)、针阔叶混交林(16 种)、草荡(12 种)(图 6-10)。秋季常见鸟种有家燕、白头鹎、麻雀、红头长尾山雀共 4 种;易见鸟种有山斑鸠、白鹭、棕背伯劳、灰树鹊、黄腹山雀、金腰燕、栗背短脚鹎、棕头鸦雀、棕颈钩嘴鹛、灰眶雀鹛、画眉、八哥等31 种;少见鸟种有灰喉山椒鸟、灰椋鸟、紫啸鸫、黄腹鹨共 4 种;罕见鸟种有鹗、凤头蜂鹰、苍鹰、鹰雕、红隼、小鳞胸鹪鹛、褐柳莺、鳞头树莺、丽星鹩鹛、水鹨、栗耳鹀、普通秧鸡等 43 种。

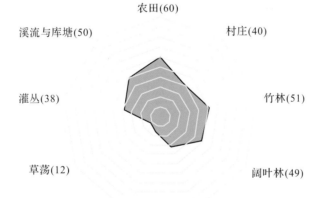

图 6-10　安吉县鸟类秋季各生境下种类数量

冬季样线调查记录到鸟类约 1.11 万只。记录到鸟类种类最多的生境为农田(64种),第二是溪流与库塘(57 种),第三是阔叶林(48 种),第四是阔竹林(47 种),后续依次为村庄(35 种)、灌丛(30 种)、针叶林和草荡(各 24 种)、针阔叶混交林(15 种)(图 6-11)。冬季常见鸟种有白头鹎、麻雀等 2 种;易见鸟种有绿翅鸭、绿头鸭、斑嘴鸭、小䴙䴘、珠颈斑鸠、棕背伯劳、红嘴蓝鹊、大嘴乌鸦、秃鼻乌鸦、北红尾鸲、燕雀、田鹀等 38 种;少见鸟种有灰胸竹鸡、豆雁、白额雁、凤头鸊鷉、红脚田鸡、长嘴剑鸻、白腰草鹬、东方白鹳、黑鸢、普通鵟、短尾鸦雀、虎斑地鸫、橙腹叶鹎等 58 种;罕见鸟种有小天鹅、赤麻鸭、灰鹤、彩鹬、针尾沙锥、小黑背银鸥、红嘴鸥、白琵鹭、黑翅鸢、雀鹰、白腹隼雕、蓝鹀等 36 种。

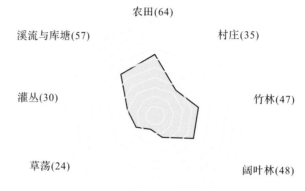

图 6-11　安吉县鸟类冬季各生境下种类数量

6.7　珍稀濒危及中国特有种

6.7.1　珍稀濒危及中国特有鸟类概况

安吉县分布的 256 种鸟类中,中国特有种有 8 种(表 6-9),占中国鸟类特有种 93 种(依据《中国鸟类分类与分布名录》)的 8.60%。其中,在居留类型方面,灰胸竹鸡、白颈长尾雉、黄腹山雀、银喉长尾山雀、华南斑胸钩嘴鹛、棕噪鹛、乌鸫为当地留鸟,蓝鹀为冬候鸟;在地理区系方面,除银喉长尾山雀为古北界种外,其余都为东洋界种。

安吉县有国家重点保护鸟类 47 种(表 6-9)。其中,国家一级重点保护鸟类有 3 种,即白颈长尾雉、中华秋沙鸭、东方白鹳。白颈长尾雉为境内留鸟,在区内繁殖;中华秋沙鸭和东方白鹳为冬候鸟。国家二级重点保护鸟类有 44 种。其中,留鸟 24 种,即勺鸡、白鹇、小鸦鹃、鹗、黑翅鸢、黑鸢、蛇雕、凤头鹰、松雀鹰、林雕、白腹隼雕、鹰雕、领角鸮、红角鸮、黄嘴角鸮、雕鸮、领鸺鹠、斑头鸺鹠、白胸翡翠、红隼、短尾鸦雀、棕噪鹛、画眉、红嘴相思鸟;夏候鸟 2 种,即黑冠鹃隼、赤腹鹰;冬候鸟 12 种,即小天鹅、鸿雁、白额雁、小白额雁、鸳鸯、灰鹤、白琵鹭、日本松雀鹰、雀鹰、苍鹰、灰脸鵟鹰、普通鵟、日本鹰鸮、游隼、云雀、蓝鹀;旅鸟 2 种,即凤头蜂鹰、红喉歌鸲。

安吉县还有浙江省重点保护鸟类 28 种(表 6-9)。其中,留鸟 7 种,即戴胜、斑姬啄木鸟、星头啄木鸟、大斑啄木鸟、灰头绿啄木鸟、棕背伯劳、普通鳾;夏候鸟 12 种,即红翅凤头鹃、大鹰鹃、四声杜鹃、大杜鹃、中杜鹃、小杜鹃、噪鹃、三宝鸟、黑枕黄鹂、寿带、虎纹伯劳、红尾伯劳;冬候鸟 9 种,即豆雁、赤麻鸭、绿翅鸭、绿头鸭、斑嘴鸭、普通秋沙鸭、凤头鸊鹛、蚁鴷、牛头伯劳。

《IUCN 红色名录》列入濒危(EN)的 2 种,即中华秋沙鸭、东方白鹳;易危(VU)的 4 种,即鸿雁、小白额雁、白颈鸦、田鹀(表 6-9)。

《中国生物多样性红色名录》列入濒危(EN)的 2 种,即中华秋沙鸭、东方白鹳;易危(VU)的 5 种,即白颈长尾雉、鸿雁、小白额雁、林雕、白腹隼雕(表 6-9)。

表 6-9　安吉县珍稀濒危及中国特有鸟类组成表

目、科、种	《IUCN 红色名录》	《中国生物多样性红色名录》	中国特有种	保护等级
鸡形目 GALLIFORMES				
雉科 Phasianidae				
灰胸竹鸡 *Bambusicola thoracica*			√	
勺鸡 *Pucrasia macrolopha*				国家二级
白鹇 *Lophura nycthemera*				国家二级
白颈长尾雉 *Syrmaticus ellioti*	NT	VU	√	国家一级
雁形目 ANSERIFORMES				
鸭科 Anatidae				
小天鹅 *Cygnus columbianus*		NT		国家二级
鸿雁 *Anser cygnoides*	VU	VU		国家二级
豆雁 *Anser fabalis*				省重点
白额雁 *Anser albifrons*				国家二级
小白额雁 *Anser erythropus*	VU	VU		国家二级
赤麻鸭 *Tadorna ferruginea*				省重点
鸳鸯 *Aix galericulata*		NT		国家二级
绿翅鸭 *Anas crecca*				省重点
绿头鸭 *Anas platyrhynchos*				省重点
斑嘴鸭 *Anas zonorhyncha*				省重点
普通秋沙鸭 *Mergus merganser*				省重点
中华秋沙鸭 *Mergus squamatus*	EN	EN		国家一级
鸊鷉目 PODICIPEDIFORMES				
鸊鷉科 Podicipedidae				
凤头鸊鷉 *Podiceps cristatus*				省重点
鹃形目 CUCULIFORMES				
杜鹃科 Cuculidae				
红翅凤头鹃 *Clamator coromandus*				省重点
大鹰鹃 *Hierococcyx sparverioides*				省重点
四声杜鹃 *Cuculus micropterus*				省重点
大杜鹃 *Cuculus canorus*				省重点
中杜鹃 *Cuculus saturatus*				省重点
小杜鹃 *Cuculus poliocephalus*				省重点
噪鹃 *Eudynamys scolopaceus*				省重点
小鸦鹃 *Centropus bengalensis*				国家二级

续表

目、科、种	《IUCN红色名录》	《中国生物多样性红色名录》	中国特有种	保护等级
鹤形目 GRUIFORMES				
鹤科 Gruidae				
灰鹤 *Grus grus*		NT		国家二级
鹳形目 CICONⅡFORMES				
鹳科 Ciconiidae				
东方白鹳 *Ciconia boyciana*	EN	EN		国家一级
鹈形目 PELECANIFORMES				
鹮科 Threskiornithidae				
白琵鹭 *Platalea leucorodia*		NT		国家二级
鹰形目 ACCIPITRIFORMES				
鹗科 Pandionidae				
鹗 *Pandion haliaetus*		NT		国家二级
鹰科 Accipitridae				
黑冠鹃隼 *Aviceda leuphotes*				国家二级
凤头蜂鹰 *Pernis ptilorhynchus*		NT		国家二级
黑翅鸢 *Elanus caeruleus*		NT		国家二级
黑鸢 *Milvus migrans*				国家二级
蛇雕 *Spilornis cheela*		NT		国家二级
凤头鹰 *Accipiter trivirgatus*		NT		国家二级
赤腹鹰 *Accipiter soloensis*				国家二级
日本松雀鹰 *Accipiter gularis*				国家二级
松雀鹰 *Accipiter virgatus*				国家二级
雀鹰 *Accipiter nisus*				国家二级
苍鹰 *Accipiter gentilis*		NT		国家二级
灰脸𫛭鹰 *Butastur indicus*		NT		国家二级
普通𫛭 *Buteo japonicus*				国家二级
林雕 *Ictinaetus malaiensis*		VU		国家二级
白腹隼雕 *Aquila fasciata*		VU		国家二级
鹰雕 *Nisaetus nipalensis*		NT		国家二级
鸮形目 STRIGIFORME				
鸱鸮科 Strigidae				
领角鸮 *Otus lettia*				国家二级
红角鸮 *Otus sunia*				国家二级
黄嘴角鸮 *Otus spilocephalus*		NT		国家二级
雕鸮 *Bubo bubo*		NT		国家二级
领鸺鹠 *Glaucidium brodiei*				国家二级
斑头鸺鹠 *Glaucidium cuculoides*				国家二级
日本鹰鸮 *Ninox japonica*		DD		国家二级
犀鸟目 BUCEROTIFORMES				
戴胜科 Upupidae				
戴胜 *Upupa epops*				省重点

续表

目、科、种	《IUCN红色名录》	《中国生物多样性红色名录》	中国特有种	保护等级
佛法僧目 CORACIIFORMES				
佛法僧科 Coraciidae				
三宝鸟 *Eurystomus orientalis*				省重点
翠鸟科 Alcedinidae				
白胸翡翠 *Halcyon smyrnensis*				国家二级
啄木鸟目 PICFORMES				
啄木鸟科 Picidae				
蚁䴕 *Jynx torquilla*				省重点
斑姬啄木鸟 *Picumnus innominatus*				省重点
星头啄木鸟 *Dendrocopos canicapillus*				省重点
大斑啄木鸟 *Dendrocopos major*				省重点
灰头绿啄木鸟 *Picus canus*				省重点
隼形目 FALCONIFORMES				
隼科 Falconidae				
红隼 *Falco tinnunculus*				国家二级
游隼 *Falco peregrinus*		NT		国家二级
雀形目 PASSERIFORMES				
黄鹂科 Oriolidae				
黑枕黄鹂 *Oriolus chinensis*				省重点
王鹟科 Monarvhidae				
寿带 *Terpsiphone incei*		NT		省重点
伯劳科 Laniidae				
虎纹伯劳 *Lanius tigrinus*				省重点
牛头伯劳 *Lanius bucephalus*				省重点
红尾伯劳 *Lanius cristatus*				省重点
棕背伯劳 *Lanius schach*				省重点
鸦科 Corvidae				
白颈鸦 *Corvus pectoralis*	VU	NT		
山雀科 Paridae				
黄腹山雀 *Pardaliparus venustulus*			√	
百灵科 Alaudidae				
云雀 *Alauda arvensis*				国家二级
长尾山雀科 Aegithalidae				
银喉长尾山雀 *Aegithalos glaucogularis*			√	
莺鹛科 Sylviidae				
短尾鸦雀 *Neosuthora davidiana*		NT		国家二级
林鹛科 Timaliidae				
华南斑胸钩嘴鹛 *Erythrogenys swinhoei*			√	
噪鹛科 Leiothrichidae				
棕噪鹛 *Garrulax poecilorhynchus*			√	国家二级

续表

目、科、种	《IUCN 红色名录》	《中国生物多样性红色名录》	中国特有种	保护等级
画眉 *Garrulax canorus*		NT		国家二级
红嘴相思鸟 *Leiothrix lutea*				国家二级
䴓科 Sittidae				
普通䴓 *Sitta europaea*				省重点
鸫科 Turdidae				
乌鸫 *Turdus mandarinus*			√	
鹟科 Muscicapidae				
红喉歌鸲 *Calliope calliope*				国家二级
鹀科 Emberizidae				
蓝鹀 *Emberiza siemsseni*			√	国家二级
田鹀 *Emberiza rustica*	VU			

注:《中国生物多样性红色名录》和《IUCN 红色名录》中,"CR"表示极危;"EN"表示濒危;"VU"表示易危;"NT"表示近危;"LC"表示无危;"DD"表示数据缺乏。

6.7.2　重要物种描述

勺鸡 *Pucrasia macrolopha*(Lesson,R,1829)　　　　　　　　　　（图 6-12）

鸡形目 GALLIFORMES　　　雉科 Phasianidae

【栖息环境】　栖息于针阔叶混交林,密生灌丛的多岩坡地、开阔的多岩石林地、松林及杜鹃林。

【生态类群】　鹑鸡类。

【地理区系】　东洋界。

【居留类型】　留鸟。

【保护等级】　国家二级重点保护野生动物。

【濒危等级】　《IUCN 红色名录》无危(LC);《中国生物多样性红色名录》无危(LC)。

【分布地区】　章村镇、天荒坪镇、报福镇、孝丰镇、杭垓镇等。

图 6-12　勺鸡

白鹇 *Lophura nycthemera*（Linnaeus，1758） （图 6-13）

鸡形目 GALLIFORMES　　　雉科 Phasianidae

【栖息环境】　主要栖息于海拔 2000m 以下的亚热带常绿阔叶林中。

【生态类群】　鹑鸡类。

【地理区系】　东洋界。

【居留类型】　留鸟。

【保护等级】　国家二级重点保护野生动物。

【濒危等级】　《IUCN 红色名录》无危（LC）;《中国生物多样性红色名录》无危（LC）。

【分布地区】　孝丰镇、章村镇、杭垓镇等。

图 6-13　白鹇

白颈长尾雉 *Syrmaticus ellioti*（Swinhoe，1872） （图 6-14）

鸡形目 GALLIFORMES　　　雉科 Phasianidae

【栖息环境】　主要栖息于海拔 1000m 以下的低山、丘陵地区的阔叶林、混交林、针叶林、竹林和林缘灌丛地带。

【生态类群】　鹑鸡类。

【地理区系】　东洋界。

【居留类型】　留鸟。

【保护等级】　国家一级重点保护野生动物。

【濒危等级】　《IUCN 红色名录》近危（NT）;《中国生物多样性红色名录》易危（VU）。中国鸟类特有种。

【分布地区】　章村镇、天荒坪镇、报福镇、孝丰镇、杭垓镇。

图 6-14　白颈长尾雉

小天鹅 *Cygnus columbianus*（Ord，1815） （图 6-15）

雁形目 ANSERIFORMES　　鸭科 Anatidae

【栖息环境】　栖息在多芦苇、蒲草和其他水生植物的大型湖泊、水库、水塘、河湾等地。

【生态类群】　游禽类。

【地理区系】　古北界。

【居留类型】　冬候鸟。

【保护等级】　国家二级重点保护野生动物。

【濒危等级】　《IUCN 红色名录》无危（LC）；《中国生物多样性红色名录》近危（NT）。

【分布地区】　报福镇。

图 6-15　小天鹅

鸿雁 *Anser cygnoides*（Linnaeus，1758） （图 6-16）

雁形目 ANSERIFORMES　　鸭科 Anatidae

【栖息环境】　栖息于湖泊，并在附近的草地、田野取食。

【生态类群】　游禽类。

【地理区系】　古北界。

【居留类型】　冬候鸟。

【保护等级】　国家二级重点保护野生动物。

【濒危等级】　《IUCN 红色名录》易危（VU）；《中国生物多样性红色名录》易危（VU）。

【分布地区】　报福镇。

图 6-16　鸿雁

白额雁 *Anser albifrons*（Scopoli,1769）　　　　　　　　（图 6-17）

雁形目 ANSERIFORMES　　　鸭科 Anatidae

【栖息环境】　主要栖息在开阔的湖泊、水库、河湾及其附近开阔的平原、草地、沼泽、农田。

【生态类群】　游禽类。

【地理区系】　古北界。

【居留类型】　冬候鸟。

【保护等级】　国家二级重点保护野生动物。

【濒危等级】　《IUCN 红色名录》无危（LC）;《中国生物多样性红色名录》无危（LC）。

【分布地区】　报福镇。

图 6-17　白额雁

小白额雁 *Anser erythropus*（Linnaeus,1758）　　　　　（图 6-18）

雁形目 ANSERIFORMES　　　鸭科 Anatidae

【栖息环境】　主要栖息在开阔的湖泊、水库、河湾及其附近开阔的平原、草地、沼泽、农田。

【生态类群】　游禽类。

【地理区系】　古北界。

【居留类型】　冬候鸟。

【保护等级】　国家二级重点保护野生动物。

【濒危等级】　《IUCN 红色名录》易危（VU）;《中国生物多样性红色名录》易危（VU）。

【分布地区】　报福镇。

图 6-18　小白额雁

鸳鸯 *Aix galericulata* (Linnaeus,1758)　　　　　　　　　　　　　（图 6-19）

雁形目 ANSERIFORMES　　　鸭科 Anatidae

【栖息环境】　栖息于针阔叶混交林及其附近的溪流、沼泽、芦苇塘、湖泊等处,冬季多栖息于大的开阔湖泊、江河和沼泽地带。

【生态类群】　游禽类。

【地理区系】　古北界。

【居留类型】　冬候鸟。

【保护等级】　国家二级重点保护野生动物。

【濒危等级】　《IUCN 红色名录》无危(LC);《中国生物多样性红色名录》近危(NT)。

【分布地区】　梅溪镇、杭垓镇、报福镇、灵峰街道、鄣吴镇。

图 6-19　鸳鸯

中华秋沙鸭 *Mergus squamatus* Gould,1864　　　　　　　　　　　（图 6-20）

雁形目 ANSERIFORMES　　　鸭科 Anatidae

【栖息环境】　栖息于林区内的湍急河流,有时在开阔湖泊。

【生态类群】　游禽类。

【地理区系】　古北界。

【居留类型】　冬候鸟。

【保护等级】　国家一级重点保护野生动物。

【濒危等级】　《IUCN 红色名录》濒危(EN);《中国生物多样性红色名录》濒危(EN)。

【分布地区】　杭垓镇、报福镇、孝丰镇、昌硕街道。

图 6-20　中华秋沙鸭

小鸦鹃 *Centropus bengalensis* (Gmelin, JF, 1788)　　　　（图 6-21）

鹃形目 CUCULIFORMES　　杜鹃科 Cuculidae

【栖息环境】　栖息于低山、丘陵和开阔平原地带的灌丛、草丛、果园、次生林中。

【生态类群】　攀禽类。

【地理区系】　东洋界。

【居留类型】　留鸟。

【保护等级】　国家二级重点保护野生动物。

【濒危等级】　《IUCN 红色名录》无危（LC）;《中国生物多样性红色名录》无危（LC）。

【分布地区】　杭垓镇。

图 6-20　小鸦鹃

灰鹤 *Grus grus* (Linnaeus, 1758)　　　　（图 6-22）

鹤形目 GRUIFORMES　　鹤科 Gruidae

【栖息环境】　栖息于开阔平原沼泽草地、苔原沼泽、大的湖泊岩边及浅水沼泽地带。

【生态类群】　涉禽类。

【地理区系】　古北界。

【居留类型】　冬候鸟。

【保护等级】　国家二级重点保护野生动物。

【濒危等级】　《IUCN 红色名录》无危（LC）;《中国生物多样性红色名录》近危（NT）。

【分布地区】　报福镇。

图 6-22　灰鹤

东方白鹳 *Ciconia boyciana* Swinhoe,1873　　　　　　　　　　（图 6-23）

鹳形目 CICONIIFORMES　　　鹳科 Ciconiidae

【栖息环境】 主要栖息于开阔而偏僻的平原、水稻田、草地和沼泽地带。

【生态类群】 涉禽类。

【地理区系】 古北界。

【居留类型】 冬候鸟。

【保护等级】 国家一级重点保护野生动物。

【濒危等级】 《IUCN 红色名录》濒危（EN）；《中国生物多样性红色名录》濒危（EN）。

【分布地区】 报福镇。

图 6-23　东方白鹳

白琵鹭 *Platalea leucorodia* Linnaeus,1758　　　　　　　　　（图 6-24）

鹈形目 PELECANIFORMES　　　鹮科 Threskiornithidae

【栖息环境】 栖息于河流、湖泊、水库岸边及其浅水处，也见于水淹平原、芦苇沼泽湿地、沿海沼泽、海岸。

【生态类群】 涉禽类。

【地理区系】 古北界。

【居留类型】 冬候鸟。

【保护等级】 国家二级重点保护野生动物。

【濒危等级】 《IUCN 红色名录》无危（LC）；《中国生物多样性红色名录》近危（NT）。

【分布地区】 报福镇。

图 6-24　白琵鹭

鹗 *Pandion haliaetus*（Linnaeus，1758） （图 6-25）

鹰形目 ACCIPITRIFORMES　　鹗科 Pandionidae

【栖息环境】 栖息于水库、湖泊、溪流、河川、鱼塘、海边等水域。

【生态类群】 猛禽类。

【地理区系】 东洋界。

【居留类型】 留鸟。

【保护等级】 国家二级重点保护野生动物。

【濒危等级】 《IUCN 红色名录》无危（LC）；《中国生物多样性红色名录》近危（NT）。

【分布地区】 报福镇。

图 6-25　鹗

黑冠鹃隼 *Aviceda leuphotes*（Dumont，1820） （图 6-26）

鹰形目 ACCIPITRIFORMES　　鹰科 Accipitridae

【栖息环境】 栖息于低山、丘陵和高山森林、疏林草坡、村庄、林缘田间地带。

【生态类群】 猛禽类。

【地理区系】 东洋界。

【居留类型】 夏候鸟。

【保护等级】 国家二级重点保护野生动物。

【濒危等级】 《IUCN 红色名录》无危（LC）；《中国生物多样性红色名录》无危（LC）。

【分布地区】 报福镇、章村镇。

图 6-26　黑冠鹃隼

凤头蜂鹰 *Pernis ptilorhynchus*（Temminck，1821）　　　　　　　　　　（图 6-27）

鹰形目 ACCIPITRIFORMES　　　鹰科 Accipitridae

【栖息环境】　栖息于不同海拔高度
的阔叶林、针叶林和混交林。

【生态类群】　猛禽类。

【地理区系】　东洋界。

【居留类型】　旅鸟。

【保护等级】　国家二级重点保护野
生动物。

【濒危等级】《IUCN 红色名录》无危
（LC）；《中国生物多样性红色名录》近
危（NT）。

【分布地区】　昌硕街道。

图 6-27　凤头蜂鹰

黑翅鸢 *Elanus caeruleus*（Desfontaines，1789）　　　　　　　　　　（图 6-28）

鹰形目 ACCIPITRIFORMES　　　鹰科 Accipitridae

【栖息环境】　栖息于有乔木和灌木
的开阔原野、农田、疏林、草原。

【生态类群】　猛禽类。

【地理区系】　东洋界。

【居留类型】　夏候鸟。

【保护等级】　国家二级重点保护野
生动物。

【濒危等级】《IUCN 红色名录》无
危（LC）；《中国生物多样性红色名
录》近危（NT）。

【分布地区】　天子湖镇。

图 6-28　黑翅鸢

黑鸢 *Milvus migrans* (Boddaert,1783)　　　　　　　　　　　　（图 6-29）

鹰形目 ACCIPITRIFORMES　　　鹰科 Accipitridae

【栖息环境】　栖息于开阔的平原、草地、荒原和低山、丘陵地带，也常在城郊、村屯、田野、港湾、湖泊。

【生态类群】　猛禽类。

【地理区系】　古北界。

【居留类型】　留鸟。

【保护等级】　国家二级重点保护野生动物。

【濒危等级】　《IUCN 红色名录》无危(LC)；《中国生物多样性红色名录》无危(LC)。

【分布地区】　梅溪镇、孝丰镇、报福镇、章村镇。

图 6-29　黑鸢

蛇雕 *Spilornis cheela* (Latham,1790)　　　　　　　　　　　　（图 6-30）

鹰形目 ACCIPITRIFORMES　　　鹰科 Accipitridae

【栖息环境】　栖息于山地森林及其林缘开阔地带。

【生态类群】　猛禽类。

【地理区系】　东洋界。

【居留类型】　留鸟。

【保护等级】　国家二级重点保护野生动物。

【濒危等级】　《IUCN 红色名录》无危(LC)；《中国生物多样性红色名录》近危(NT)。

【分布地区】　杭垓镇、报福镇、章村镇、递铺街道。

图 6-30　蛇雕

凤头鹰 *Accipiter trivirgatus*（Temminck,1824） （图 6-31）

鹰形目 ACCIPITRIFORMES　　鹰科 Accipitridae

【栖息环境】　通常栖息于山地森林和山脚林缘地带，偶尔也到山脚平原和村庄附近活动。

【生态类群】　猛禽类。

【地理区系】　东洋界。

【居留类型】　留鸟。

【保护等级】　国家二级重点保护野生动物。

【濒危等级】　《IUCN 红色名录》无危（LC）；《中国生物多样性红色名录》近危（NT）。

【分布地区】　梅溪镇、天子湖镇、杭垓镇、报福镇、章村镇、上墅乡、递铺街道。

图 6-31　凤头鹰

赤腹鹰 *Accipiter soloensis*（Horsfield,1821） （图 6-32）

鹰形目 ACCIPITRIFORMES　　鹰科 Accipitridae

【栖息环境】　主要栖息于山地森林和林缘地带，也见于低山、丘陵，以及山麓平原地带的小块丛林、农田地缘、村庄附近。

【生态类群】　猛禽类。

【地理区系】　东洋界。

【居留类型】　夏候鸟。

【保护等级】　国家二级重点保护野生动物。

【濒危等级】　《IUCN 红色名录》无危（LC）；《中国生物多样性红色名录》无危（LC）。

【分布地区】　鄣吴镇、杭垓镇、报福镇、章村镇、上墅乡、递铺街道、昌硕街道。

图 6-32　赤腹鹰

日本松雀鹰 *Accipiter gularis* (Temminck & Schlegel,1844)　　　　　　（图 6-33）

鹰形目 ACCIPITRIFORMES　　鹰科 Accipitridae

【栖息环境】　主要栖息于山地针叶林和混交林中,也出现在林缘和疏林地带,喜欢出入林中溪流和沟谷地带。

【生态类群】　猛禽类。

【地理区系】　古北界。

【居留类型】　冬候鸟。

【保护等级】　国家二级重点保护野生动物。

【濒危等级】　《IUCN 红色名录》无危(LC);《中国生物多样性红色名录》无危(LC)。

【分布地区】　章村镇。

图 6-33　日本松雀鹰

松雀鹰 *Accipiter virgatus* (Temminck,1822)　　　　　　（图 6-34）

鹰形目 ACCIPITRIFORMES　　鹰科 Accipitridae

【栖息环境】　主要栖息于山地、丘陵的针叶林、混交林、阔叶林及其林缘地带。

【生态类群】　猛禽类。

【地理区系】　东洋界。

【居留类型】　留鸟。

【保护等级】　国家二级重点保护野生动物。

【濒危等级】　《IUCN 红色名录》无危(LC);《中国生物多样性红色名录》无危(LC)。

【分布地区】　杭垓镇、章村镇、递铺街道。

图 6-34　松雀鹰

雀鹰 *Accipiter nisus*（Linnaeus，1758）　　　　　　　　　　　（图 6-35）

鹰形目 ACCIPITRIFORMES　　　鹰科 Accipitridae

【栖息环境】　栖息于针叶林、混交林、阔叶林等山地森林和林缘地带，山脚平原，农田地边，以及村庄附近。

【生态类群】　猛禽类。

【地理区系】　古北界。

【居留类型】　冬候鸟。

【保护等级】　国家二级重点保护野生动物。

【濒危等级】　《IUCN 红色名录》无危（LC）；《中国生物多样性红色名录》无危（LC）。

【分布地区】　天子湖镇、报福镇。

图 6-35　雀鹰

苍鹰 *Accipiter gentilis*（Linnaeus，1758）　　　　　　　　　　（图 6-36）

鹰形目 ACCIPITRIFORMES　　　鹰科 Accipitridae

【栖息环境】　主要栖息于山地疏林、林缘地带，也见于平原的疏林和小块林内。

【生态类群】　猛禽类。

【地理区系】　古北界。

【居留类型】　冬候鸟。

【保护等级】　国家二级重点保护野生动物。

【濒危等级】　《IUCN 红色名录》无危（LC）；《中国生物多样性红色名录》近危（NT）。

【分布地区】　章村镇、上墅乡。

图 6-36　苍鹰

灰脸鵟鹰 *Butastur indicus* (Gmelin, JF, 1788) （图 6-37）

鹰形目 ACCIPITRIFORMES 鹰科 Accipitridae

【栖息环境】 主要栖息于林缘、山地、丘陵、草地、农田和村屯附近等较为开阔的地区，有时也出现在荒漠和河谷地带。

【生态类群】 猛禽类。

【地理区系】 古北界。

【居留类型】 冬候鸟。

【保护等级】 国家二级重点保护野生动物。

【濒危等级】 《IUCN 红色名录》无危（LC）；《中国生物多样性红色名录》近危（NT）。

【分布地区】 杭垓镇、章村镇。

图 6-37 灰脸鵟鹰

普通鵟 *Buteo japonicus* Temminck & Schlegel, 1844 （图 6-38）

鹰形目 ACCIPITRIFORMES 鹰科 Accipitridae

【栖息环境】 主要栖息于山地森林和林缘地带，秋冬季节则多出现在低山、丘陵和山脚平原地带。

【生态类群】 猛禽类。

【地理区系】 古北界。

【居留类型】 冬候鸟。

【保护等级】 国家二级重点保护野生动物。

【濒危等级】 《IUCN 红色名录》无危（LC）；《中国生物多样性红色名录》无危（LC）。

【分布地区】 孝丰镇、报福镇、章村镇、天荒坪镇、递铺街道、昌硕街道。

图 6-38 普通鵟

林雕 *Ictinaetus malaiensis* (Temminck,1822)　　　(图 6-39)

鹰形目 ACCIPITRIFORMES　　鹰科 Accipitridae

【栖息环境】　栖息于山地森林中,高度依赖森林栖息环境。

【生态类群】　猛禽类。

【地理区系】　东洋界。

【居留类型】　留鸟。

【保护等级】　国家二级重点保护野生动物。

【濒危等级】　《IUCN 红色名录》无危(LC);《中国生物多样性红色名录》易危(VU)。

【分布地区】　杭垓镇、孝丰镇、报福镇、章村镇。

图 6-39　林雕

白腹隼雕 *Aquila fasciata* Vieillot,1822　　　(图 6-40)

鹰形目 ACCIPITRIFORMES　　鹰科 Accipitridae

【栖息环境】　主要栖息于低山、丘陵和山地森林中,也常出现在山脚平原、沼泽,甚至半荒漠地区。

【生态类群】　猛禽类。

【地理区系】　东洋界。

【居留类型】　留鸟。

【保护等级】　国家二级重点保护野生动物。

【濒危等级】　《IUCN 红色名录》无危(LC);《中国生物多样性红色名录》易危(VU)。

【分布地区】　报福镇。

图 6-40　白腹隼雕

鹰雕 *Nisaetus nipalensis* Hodgson，1836　　　　　　　　　（图 6-41）

鹰形目 ACCIPITRIFORMES　　　鹰科 Accipitridae

【栖息环境】　大多栖息于山地森林地带，冬季常到低山、丘陵、山脚平原地区的阔叶林及其林缘地带活动。

【生态类群】　猛禽类。

【地理区系】　东洋界。

【居留类型】　留鸟。

【保护等级】　国家二级重点保护野生动物。

【濒危等级】　《IUCN 红色名录》无危（LC）；《中国生物多样性红色名录》近危（NT）。

【分布地区】　杭垓镇、章村镇。

图 6-41　鹰雕

领角鸮 *Otus lettia*（Hodgson，1836）　　　　　　　　　（图 6-42）

鸮形目 STRIGIFORME　　　鸱鸮科 Strigidae

【栖息环境】　主要栖息于山地阔叶林和混交林中，也出现于山麓林缘和村寨附近树林内。

【生态类群】　猛禽类。

【地理区系】　东洋界。

【居留类型】　留鸟。

【保护等级】　国家二级重点保护野生动物。

【濒危等级】　《IUCN 红色名录》无危（LC）；《中国生物多样性红色名录》无危（LC）。

【分布地区】　梅溪镇、孝丰镇、章村镇。

图 6-42　领角鸮

红角鸮 *Otus sunia*（Hodgson，1836）

鸮形目 STRIGIFORME　　鸱鸮科 Strigidae

【栖息环境】　主要栖息于山地阔叶林和混交林中，喜有树丛的开阔原野。

【生态类群】　猛禽类。

【地理区系】　东洋界。

【居留类型】　留鸟。

【保护等级】　国家二级重点保护野生动物。

【濒危等级】　《IUCN 红色名录》无危（LC）；《中国生物多样性红色名录》无危（LC）。

【分布地区】　报福镇、章村镇。

黄嘴角鸮 *Otus spilocephalus*（Blyth，1846）　　　　　　　　　　　　（图 6-43）

鸮形目 STRIGIFORME　　鸱鸮科 Strigidae

【栖息环境】　主要栖息于山地常绿阔叶林和混交林中，有时也到山脚林缘地带。

【生态类群】　猛禽类。

【地理区系】　东洋界。

【居留类型】　留鸟。

【保护等级】　国家二级重点保护野生动物。

【濒危等级】　《IUCN 红色名录》无危（LC）；《中国生物多样性红色名录》近危（NT）。

【分布地区】　章村镇。

图 6-43　黄嘴角鸮

雕鸮 *Bubo bubo*（Linnaeus，1758）　　　　　　　　（图 6-44）

鸮形目 STRIGIFORME　　　　鸱鸮科 Strigidae

【栖息环境】　栖息于山地森林、平原、荒野、林缘灌丛、疏林，以及裸露的高山、峭壁等各类环境。

【生态类群】　猛禽类。

【地理区系】　东洋界。

【居留类型】　留鸟。

【保护等级】　国家二级重点保护野生动物。

【濒危等级】　《IUCN 红色名录》无危（LC）；《中国生物多样性红色名录》近危（NT）。

【分布地区】　山川乡。

图 6-44　雕鸮

领鸺鹠 *Glaucidium brodiei*（Burton，1836）　　　　（图 6-45）

鸮形目 STRIGIFORME　　　　鸱鸮科 Strigidae

【栖息环境】　栖息于山地森林和林缘灌丛地带。

【生态类群】　猛禽类。

【地理区系】　东洋界。

【居留类型】　留鸟。

【保护等级】　国家二级重点保护野生动物。

【濒危等级】　《IUCN 红色名录》无危（LC）；《中国生物多样性红色名录》无危（LC）。

【分布地区】　报福镇、章村镇。

图 6-45　领鸺鹠

斑头鸺鹠 *Glaucidium cuculoides*（Vigors，1830）　　　（图 6-46）

鸮形目 STRIGIFORME　　　鸱鸮科 Strigidae

【栖息环境】　主要栖息于平原、低山、丘陵地带的阔叶林、混交林、次生林、林缘灌丛，也出现于村寨、农田附近的疏林和树上。

【生态类群】　猛禽类。

【地理区系】　东洋界。

【居留类型】　留鸟。

【保护等级】　国家二级重点保护野生动物。

【濒危等级】　《IUCN 红色名录》无危（LC）；《中国生物多样性红色名录》无危（LC）。

【分布地区】　郭吴镇、章村镇、天荒坪镇。

图 6-46　斑头鸺鹠

日本鹰鸮 *Ninox japonica*（Temminck & Schlegel，1844）　　　（图 6-47）

鸮形目 STRIGIFORME　　　鸱鸮科 Strigidae

【栖息环境】　主要栖息于针阔叶混交林和阔叶林中，也出现于低山、丘陵和山脚平原地带的树林、林缘灌丛、果园、农田地区。

【生态类群】　猛禽类。

【地理区系】　东洋界。

【居留类型】　冬候鸟。

【保护等级】　国家二级重点保护野生动物。

【濒危等级】　《IUCN 红色名录》无危（LC）；《中国生物多样性红色名录》DD。

【分布地区】　梅溪镇、天子湖镇、章村镇。

图 6-47　日本鹰鸮

白胸翡翠 *Halcyon smyrnensis* (Linnaeus, 1758)　　　　（图 6-48）

佛法僧目 CORACIIFORMES　　　翠鸟科 Alcedinidae

【栖息环境】　主要栖息于山地森林和山脚平原河流、湖泊岸边，也出现于池塘、水库、沼泽和稻田等水域岸边，有时亦远离水域活动。

【生态类群】　攀禽类。

【地理区系】　东洋界。

【居留类型】　留鸟。

【保护等级】　国家二级重点保护野生动物。

【濒危等级】　《IUCN 红色名录》无危（LC）；《中国生物多样性红色名录》无危（LC）。

【分布地区】　杭垓镇、报福镇。

图 6-48　白胸翡翠

红隼 *Falco tinnunculus* Linnaeus, 1758　　　　（图 6-49）

隼形目 FALCONIFORMES　　　隼科 Falconidae

【栖息环境】　栖息于山地森林、低山、丘陵、草原、旷野、森林平原、河谷和农田等。

【生态类群】　猛禽类。

【地理区系】　东洋界。

【居留类型】　留鸟。

【保护等级】　国家二级重点保护野生动物。

【濒危等级】　《IUCN 红色名录》无危（LC）；《中国生物多样性红色名录》无危（LC）。

【分布地区】　孝丰镇、章村镇、上墅乡、昌硕街道。

图 6-49　红隼

游隼 *Falco peregrinus* Tunstall,1771   （图 6-50）

隼形目 FALCONIFORMES   隼科 Falconidae

【栖息环境】 主要栖息于山地、丘陵、荒漠、海岸、旷野、草原、沼泽与湖泊沿岸地带,也到开阔的农田和村屯附近活动。

【生态类群】 猛禽类。

【地理区系】 古北界。

【居留类型】 冬候鸟。

【保护等级】 国家二级重点保护野生动物。

【濒危等级】 《IUCN 红色名录》无危（LC）;《中国生物多样性红色名录》近危（NT）。

【分布地区】 章村镇。

图 6-50　游隼

云雀 *Alauda arvensis* Linnaeus,1758   （图 6-51）

雀形目 PASSERIFORMES   百灵科 Alaudidae

【栖息环境】 栖息于开阔的平原、草地、沼泽、农田等。

【生态类群】 鸣禽类。

【地理区系】 古北界。

【居留类型】 冬候鸟。

【保护等级】 国家二级重点保护野生动物。

【濒危等级】 《IUCN 红色名录》无危（LC）;《中国生物多样性红色名录》无危（LC）。

【分布地区】 天子湖镇。

图 6-51　云雀

短尾鸦雀 *Neosuthora davidiana* (Slater，1897)　　　　　（图 6-52）

雀形目 PASSERIFORMES　　　莺鹛科 Sylviidae

【栖息环境】　栖息于中低海拔山地的常绿阔叶林和竹林。

【生态类群】　鸣禽类。

【地理区系】　东洋界。

【居留类型】　留鸟。

【保护等级】　国家二级重点保护野生动物。

【濒危等级】　《IUCN 红色名录》无危（LC）（NT 降）;《中国生物多样性红色名录》近危（NT）。

【分布地区】　杭垓镇、孝丰镇、报福镇、章村镇、山川乡、孝源街道。

图 6-52　短尾鸦雀

棕噪鹛 *Garrulax poecilorhynchus* Oustalet，1876　　　　（图 6-53）

雀形目 PASSERIFORMES　　　噪鹛科 Leiothrichidae

【栖息环境】　主要栖息于山地常绿阔叶林中，尤以林下植物发达、阴暗、潮湿和长满苔藓的岩石地区常见。

【生态类群】　鸣禽类。

【地理区系】　东洋界。

【居留类型】　留鸟。

【保护等级】　国家二级重点保护野生动物。

【濒危等级】　《IUCN 红色名录》无危（LC）;《中国生物多样性红色名录》无危（LC）。中国鸟类特有种。

【分布地区】　报福镇、章村镇、上墅乡。

图 6-53　棕噪鹛

画眉 *Garrulax canorus*（Linnaeus, 1758）　　　　　　　　　　　（图 6-54）

雀形目 PASSERIFORMES　　　噪鹛科 Leiothrichidae

图 6-54　画眉

【栖息环境】　主要栖息于低山、丘陵和山脚平原地带的矮树丛、灌木丛中，也栖息于林缘、农田、旷野、村落和城镇附近。

【生态类群】　鸣禽类。

【地理区系】　东洋界。

【居留类型】　留鸟。

【保护等级】　国家二级重点保护野生动物。

【濒危等级】　《IUCN 红色名录》无危（LC）；《中国生物多样性红色名录》近危（NT）。

【分布地区】　梅溪镇、天子湖镇、鄣吴镇、杭垓镇、孝丰镇、报福镇、章村镇、天荒坪镇、上墅乡、山川乡、递铺街道、昌硕街道、灵峰街道、孝源街道。

红嘴相思鸟 *Leiothrix lutea*（Scopoli, 1786）　　　　　　　　　（图 6-55）

雀形目 PASSERIFORMES　　　噪鹛科 Leiothrichidae

图 6-55　红嘴相思鸟

【栖息环境】　主要栖息于山地常绿阔叶林、常绿落叶混交林、竹林和林缘疏林灌丛地带，冬季多下到低山、平原与河谷地带。

【生态类群】　鸣禽类。

【地理区系】　东洋界。

【居留类型】　留鸟。

【保护等级】　国家二级重点保护野生动物。

【濒危等级】　《IUCN 红色名录》无危（LC）；《中国生物多样性红色名录》无危（LC）。

【分布地区】　报福镇、章村镇、山川乡。

红喉歌鸲 *Calliope calliope*（Pallas，1776）　　　　　　　　　（图 6-56）

雀形目 PASSERIFORMES　　　鹟科 Muscicapidae

【栖息环境】　主要是栖息于低山、丘陵和山脚平原地带的次生阔叶林、混交林中，也栖息于平原地带繁茂的草丛或芦苇丛间。

【生态类群】　鸣禽类。

【地理区系】　古北界。

【居留类型】　旅鸟。

【保护等级】　国家二级重点保护野生动物。

【濒危等级】　《IUCN 红色名录》无危（LC）;《中国生物多样性红色名录》无危（LC）。

图 6-56　红喉歌鸲

【分布地区】　天子湖镇、报福镇。

蓝鹀 *Emberiza siemsseni*（Martens，GH，1906）　　　　　　　（图 6-57）

雀形目 PASSERIFORMES　　　鹀科 Emberizidae

【栖息环境】　主要是栖息于高海拔的次生阔叶林、针叶林、混交林及灌丛。

【生态类群】　鸣禽类。

【地理区系】　东洋界。

【居留类型】　冬候鸟。

【保护等级】　国家二级重点保护野生动物。

【濒危等级】　《IUCN 红色名录》无危（LC）;《中国生物多样性红色名录》无危（LC）。中国鸟类特有种。

图 6-57　蓝鹀

【分布地区】　梅溪镇、章村镇、递铺街道。

第7章 兽类资源

7.1 调查路线和时间

兽类野外调查以公里网格布设红外相机的路线为调查样线,沿途根据适宜生境同时开展食虫目、啮齿目(夹夜法)和翼手目(网捕法)的调查。

调查时间于2019年4月开始,至2020年9月结束,历时1年半,其间共组织了10次大规模的野外调查。

7.2 调查方法和物种鉴定

7.2.1 调查方法

兽类调查以红外相机拍摄法、样线法、夹夜法和陷阱法(食虫目、啮齿目)、网捕法(翼手目)为主,辅以访问法和资料收集法。

(1)红外相机拍摄法

红外相机拍摄法主要调查大中型兽类。调查时根据不同海拔高度和生境安放红外相机,通常选择兽径、水源地、觅食场所等,也可选择在有兽类活动痕迹(粪便、足迹等)附近安放。本次调查按公里网格布设,调查期间共在156个网格内完成208个有效点位的调查,总有效相机工作日52096天。共获得有效照片181404张,其中兽类有效照片(不包含家畜,下同)118299张(占有效照片总数的65.2%),鸟类有效照片(不包含家禽,下同)29808张(占有效照片总数的16.4%)。获得独立有效照片37847张,其中兽类独立有效照片26378张(占独立有效照片总数的69.7%),鸟类独立有效照片6523张(占独立有效照片总数的17.2%)。

(2)样线法

沿红外相机布设点选择典型生境布设样线,样线基本覆盖所选样地中所有的生境类型。观察对象为动物个体和动物活动痕迹。调查时沿样线两侧仔细搜索和观察动物的活动痕迹,如足迹、粪便、卧迹、啃食痕迹、拱迹、洞巢穴等,包括越过样线的个体以及样线预定宽度以外的个体或活动痕迹。对所发现的痕迹根据形状、大小等特征进行分析,判断兽类的种类。

（3）夹夜法

在阔叶林、针阔叶混交林、竹林、农田等不同生境,以新鲜花生米为食饵,采用夹夜法（中号铁板夹）捕捉小型兽类,共布放 800 夹夜。

（4）陷阱法

在夹夜法调查的同一生境下布设陷阱 60 个,每个陷阱安放 1 个圆形塑料桶（高 24cm,上口和桶底的直径分别为 22.5cm 和 17.0cm）。尽量选择在枯倒木边缘布设陷阱,使桶上口缘略低于地面,并用泥土填充周围空隙以及用枯叶覆盖周围新土以保持原有状态,桶内加水 4～5cm 深,以防止捕获物逃离或动物之间相互残杀。每日下午布设陷阱,次日清晨检查动物进陷情况。

（5）网捕法

网捕法主要用于翼手目调查,利用竖琴网或鸟网。天黑前将竖琴网安放于林道等环境,次日清晨检查捕获情况并取回标本;将鸟网布设于洞穴口、洞穴内洞道、蝙蝠巢穴洞口等地,依靠驱赶、蹲守采集上网的蝙蝠标本。

（6）访问法和资料收集法

主要调查对象为样线法无法调查到的兽类物种。通过与从事安吉野生动植物保护相关工作人员、护林员、当地猎户进行访谈,调查近年来发现的动物实体种类、数量及时间、地点等信息。同时参考安吉及附近地区的历史资料、动物资源调查报告、参考文献等,作为补充数据。

7.2.2　物种鉴定及命名

动物种类鉴定依据《中国兽类野外手册》《中国兽类图鉴》及部分模式标本描述的文献进行。中文名及拉丁名的确定以《中国哺乳动物多样性及地理分布》为准。

7.3　物种多样性

7.3.1　物种组成

安吉县共记录野生兽类 67 种,分属 8 目 21 科,占浙江省兽类总种数的 58.3%。其中,啮齿目 5 科 19 种,占 28.4%;兔形目 1 科 1 种,占 1.5%;劳亚食虫目 2 科 5 种,占 7.5%;食肉目 5 科 17 种,占 25.4%;灵长目 1 科 1 种,占 1.5%;偶蹄目 3 科 7 种,占 10.4%;鳞甲目 1 科 1 种,占 1.5%;翼手目 3 科 16 种,占 23.9%（表 7-1、图 7-1）。

表 7-1　安吉县兽类物种组成表

目、科、种	保护等级	《中国生物多样性红色名录》	《IUCN红色名录》	地理区系
一、劳亚食虫目 EULIPOTYPHLA				
（一）刺猬科 Erinaceidae				
1. 东北刺猬 *Erinaceus amurensis*	省一般	LC	LC	Pa

续表

目、科、种	保护等级	《中国生物多样性红色名录》	《IUCN红色名录》	地理区系
（二）鼩鼱科 Soricidae				
2. 臭鼩 *Suncus murinus*		LC	LC	O
3. 大麝鼩 *Crocidura dracula*		NT	LC	O
4. 山东小麝鼩 *Crocidura shantungensis*		LC	LC	Pa
5. 鼩鼱未定种 Unidentified shrew				
二、灵长目 PRIMATES				
（三）猴科 Cercopithecidae				
6. 猕猴 *Macaca mulatta*	国家二级	LC	LC	O
三、鳞甲目 PHOLIDOTA				
（四）鲮鲤科 Manidae				
7. 穿山甲 *Manis pentadactyla*	国家一级	CR	CR	O
四、兔形目 LAGOMORPHA				
（五）兔科 Leporidae				
8. 华南兔 *Lepus sinensis*	省一般	LC	LC	O
五、啮齿目 RODENTIA				
（六）松鼠科 Sciuridae				
9. 赤腹松鼠 *Callosciurus erythraeus*	省一般	LC	LC	O
10. 倭花鼠 *Tamiops maritimus*	省一般	LC	LC	O
11. 珀氏长吻松鼠 *Dremomys pernyi*	省一般	LC	LC	O
（七）仓鼠科 Cricetidae				
12. 黑腹绒鼠 *Eothenomys melanogaster*		LC	LC	O
13. 东方田鼠 *Microtus fortis*		LC	LC	Pa
（八）鼹形鼠科 Spalacidae				
14. 中华竹鼠 *Rhizomys sinensis*	省一般	LC	LC	O
（九）鼠科 Muridae				
15. 黑线姬鼠 *Apodemus agrarius*		LC	LC	Pa
16. 中华姬鼠 *Apodemus draco*		LC	LC	O
17. 青毛巨鼠 *Berylmys bowersi*		LC	LC	O
18. 白腹巨鼠 *Leopoldamys edwardsi*		LC	LC	O
19. 巢鼠 *Micromys minutus*		LC	LC	O
20. 小家鼠 *Mus musculus*		LC	LC	Pa
21. 北社鼠 *Niviventer confucianus*		LC	LC	O
22. 针毛鼠 *Niviventer fulvescens*		LC	LC	O
23. 黄毛鼠 *Rattus losea*		LC	LC	O
24. 大足鼠 *Rattus nitidus*		LC	LC	O
25. 褐家鼠 *Rattus norvegicus*		LC	LC	Pa
26. 黄胸鼠 *Rattus tanezunmi*		LC	LC	O
（十）豪猪科 Hystricidae				
27. 中国豪猪 *Hystrix hodgsoni*	省重点	LC	LC	O
六、食肉目 CARNIVORA				
（十一）犬科 Canidae				
28. 狼 *Canis lupus*	国家二级	NT	LC	Pa
29. 豺 *Cuon alpinus*	国家一级	EN	EN	Pa

续表

目、科、种	保护等级	《中国生物多样性红色名录》	《IUCN红色名录》	地理区系
30. 貉 *Nyctereutes procyonoides*	国家二级	NT	LC	Pa
31. 赤狐 *Vulpes vulpes*	国家二级	NT	LC	Pa
（十二）鼬科 Mustelidae				
32. 猪獾 *Arctonyx collaris*	省一般	NT	NT	O
33. 水獭 *Lutra lutra*	国家二级	EN	NT	O
34. 黄喉貂 *Martes flavigula*	国家二级	NT	LC	Pa
35. 狗獾 *Meles leucurus*	省一般	NT	LC	Pa
36. 鼬獾 *Melogale moschata*	省一般	NT	LC	O
37. 黄腹鼬 *Mustela kathiah*	省重点	NT	LC	O
38. 黄鼬 *Mustela sibirica*	省重点	LC	LC	Pa
（十三）灵猫科 Viverridae				
39. 果子狸 *Paguma larvata*	省重点	NT	LC	O
40. 小灵猫 *Viverricula indica*	国家一级	VU	LC	O
（十四）獴科 Herpestidae				
41. 食蟹獴 *Herpestes urva*	省重点	NT	LC	O
（十五）猫科 Felidae				
42. 云豹 *Neofelis nebulosa*	国家一级	CR	VU	O
43. 金钱豹 *Panthera pardus*	国家一级	EN	VU	O
44. 豹猫 *Prionailurus bengalensis*	国家二级	VU	LC	O
七、偶蹄目 ARTIODACTYLA				
（十六）猪科 Suidae				
45. 野猪 *Sus scrofa*	省一般	LC	LC	Pa
（十七）鹿科 Cervidae				
46. 梅花鹿 *Cervus pseudaxis*	国家一级	CR	LC	Pa
47. 毛冠鹿 *Elaphodus cephalophus*	国家二级	VU	NT	O
48. 黑麂 *Muntiacus crinifrons*	国家一级	EN	VU	O
49. 小麂 *Muntiacus reevesi*	省一般	VU	LC	O
（十八）牛科 Bovidae				
50. 中华鬣羚 *Capricornis milneedwardsii*	国家二级	VU	NT	O
51. 中华斑羚 *Naemorhedus griseus*	国家二级	VU	VU	O
八、翼手目 CHIROPTERA				
（十九）菊头蝠科 Rhinolophidae				
52. 中菊头蝠 *Rhinolophus affinis*	省一般	LC	LC	O
53. 大菊头蝠 *Rhinolophus luctus*	省一般	NT	LC	O
54. 皮氏菊头蝠 *Rhinolophus pearsoni*	省一般	LC	LC	O
55. 小菊头蝠 *Rhinolophus pusillus*	省一般	LC	LC	O
56. 中华菊头蝠 *Rhinolophus sinicus*	省一般	LC	LC	O
（二十）蹄蝠科 Hipposideridae				
57. 大蹄蝠 *Hipposideros armiger*	省一般	LC	LC	O
58. 普氏蹄蝠 *Hipposideros pratti*	省一般	NT	LC	O
（二十一）蝙蝠科 Vespertilionidae				
59. 大棕蝠 *Eptesicus serotinus*	省一般	LC	LC	O
60. 亚洲长翼蝠 *Miniopterus fuliginosus*	省一般	NT	LC	O

续表

目、科、种	保护等级	《中国生物多样性红色名录》	《IUCN红色名录》	地理区系
61. 中管鼻蝠 *Murina huttoni*	省一般	LC	LC	O
62. 中华鼠耳蝠 *Myotis chinensis*	省一般	NT	LC	O
63. 大卫鼠耳蝠 *Myotis davidii*	省一般	LC	LC	Pa
64. 华南水鼠耳蝠 *Myotis laniger*	省一般	LC	LC	Pa
65. 中华山蝠 *Nyctalus plancyi*	省一般	LC	LC	Pa
66. 东亚伏翼 *Pipistrellus abramus*	省一般	LC	LC	O
67. 斑蝠 *Scotomanes ornatus*	省一般	LC	LC	O

注：①《中国生物多样性红色名录》和《IUCN红色名录》中，"CR"表示极危；"EN"濒危；"VU"表示易危；"NT"表示近危；"LC"表示无危；"DD"表示数据缺乏。

②地理分布中，"O"表示东洋界分布；"Pa"表示古北界分布。

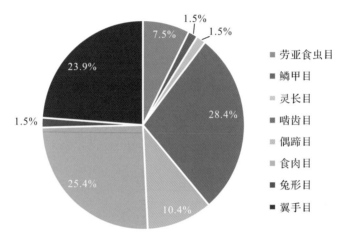

图 7-1　安吉县兽类物种多样性分析图

　　安吉兽类资源量以小麂、白腹巨鼠、华南兔、野猪、鼬獾、针毛鼠、赤腹松鼠等种类较多；猪獾、果子狸、东北刺猬、青毛巨鼠、珀氏长吻松鼠等次之；梅花鹿、黑麂、猕猴、中华鬣羚、中华斑羚、狗獾、豹猫、豪猪、黄腹鼬、黄鼬等物种较少。

　　安吉县所调查到的 67 种兽类，隶属 21 科 51 属，G 指数为 3.8000，F 指数为 12.6357（表 7-2）。从调查结果来看，安吉县内兽类的 21 科中，单种科 8 科，占总科数的 38.10%，分别为刺猬科、猴科、鲮鲤科、兔科、鼹形鼠科、豪猪科、獴科、猪科，具有较高的科内多样性；而单种属则有 42 属，占总属数的 82.35%，占比较高，因此属内多样性偏低，表 7-2 中的计算结果也反映这一特征。由于非单科种的比例较高，对指数的整体贡献也较大，使得安吉县兽类的整体多样性表现出不低的水平。

表 7-2　安吉县兽类 F 指数、G 指数、G-F 指数

名称	物种数	科数	属数	F 指数	G 指数	G-F 指数
数量	67	21	51	12.6357	3.8000	0.6993

7.3.2　调查新发现

本次调查共发现安吉县，同时也是湖州地区的兽类新分布记录 9 种，其中，啮齿目 1 种，翼手目 8 种（表 7-3）。

表 7-3　安吉县兽类新分布记录

目	科	种
啮齿目 RODENTIA	鼠科 Muridae	大足鼠 Rattus nitidus
翼手目 CHIROPTERA	菊头蝠科 Rhinolophidae	大菊头蝠 Rhinolophus luctus
		中华菊头蝠 Rhinolophus sinicus
	蝙蝠科 Vespertilionidae	中华鼠耳蝠 Myotis chinensis
		大卫鼠耳蝠 Myotis davidii
		大棕蝠 Eptesicus serotinus
		中华山蝠 Nyctalus plancyi
		斑蝠 Scotomanes ornatus
		中管鼻蝠 Murina huttoni

1. 大足鼠 Rattus nitidus（图 7-2）

《浙江动物志·兽类》记载，大足鼠在浙江省内除浙北外的其他地区均有分布。本次调查是首次在安吉县，同时也是湖州地区发现大足鼠，证明其在浙北是有分布的。发现于孝丰镇、报福镇、章村镇、天荒坪镇、上墅乡、灵峰街道。

2. 大菊头蝠 Rhinolophus luctus（图 7-3）

《浙江动物志·兽类》记载，大菊头蝠在浙江省内仅分布于杭州地区，属洞穴型蝙蝠。本次调查是首次在安吉县，同时也是湖州地区发现大菊头蝠。发现于浙江安吉小鲵自然保护区马峰庵电站引水涵洞、报福镇、上墅乡等地的洞穴内。

图 7-2　大足鼠

图 7-3　大菊头蝠

3. 中华菊头蝠 Rhinolophus sinicus（图 7-4）

洞穴型蝙蝠。《浙江动物志·兽类》记载，未有本种的湖州地区分布记录。本次调查在浙江安吉小鲵国家级自然保护区、天荒坪镇的人工洞穴内发现大量中华菊头蝠的越冬群体,为安吉县和湖州地区的首次发现。

4.中华鼠耳蝠 *Myotis chinensis*(图 7-5)

洞穴型蝙蝠。《浙江动物志·兽类》记载,其分布于余杭、富阳、临安、桐庐、淳安、建德、永康、开化、江山、乐清、遂昌等地。本次调查在浙江安吉小鲵国家级自然保护区、天荒坪镇的人工洞穴内发现少量越冬个体,为安吉县和湖州地区的首次发现。

图 7-4　中华菊头蝠

图 7-5　中华鼠耳蝠

5.大卫鼠耳蝠 *Myotis davidii*(图 7-6)

洞穴型蝙蝠。文献记载杭州有分布。本次调查在龙王山马峰庵电站水涵洞发现越冬个体,并在春季补充调查时在溪流中使用竖琴网捕获,为安吉县和湖州地区的首次发现。

6.大棕蝠 *Eptesicus serotinus*(图 7-7)

典型屋舍型蝙蝠,栖息于建筑物中,昼间常居于靠近建筑物最高处的房檐下,为最接近人居的蝙蝠种类之一。《浙江动物志·兽类》记载,其分布于杭州、温州。本次调查中,在章村镇、天荒坪镇等地的房屋上发现停歇,为安吉县和湖州地区的首次发现。

图 7-6　大卫鼠耳蝠

图 7-7　大棕蝠

7. 中华山蝠 *Nyctalus plancyi*（图 7-8）

房屋型蝙蝠,栖居于屋檐及建筑物的缝隙中,老旧建筑内常见栖息,也可居于树洞、岩洞。《浙江动物志·兽类》记载,其分布于桐庐、永康、江山、遂昌、龙泉。本次调查在杭垓镇一民居阁楼发现 30 只以上的繁殖群体,为安吉县、湖州地区的首次发现。

8. 斑蝠 *Scotomanes ornatus*（图 7-9）

森林型蝙蝠,生活于低山、丘陵地带。《浙江动物志·兽类》记载,其分布于天台。本次调查在浙江安吉小鲵国家级自然保护区内的溪流上空使用竖琴网采集到斑蝠,为安吉县、湖州地区的首次发现。

图 7-8　中华山蝠

9. 中管鼻蝠 *Murina huttoni*（图 7-10）

森林型蝙蝠。浙江省于金华东阳和杭州淳安有分布。本次调查中,在浙江安吉小鲵国家级自然保护区使用竖琴网采集到 6 件标本,为安吉县、湖州地区的首次发现。

图 7-9　斑蝠

图 7-10　中管鼻蝠

7.4　区系特征

在动物地理区系上,安吉县兽类属于东洋界的种类有 48 种,占 71.6%,主要代表种有黑麂、中华鬣羚、小麂、华南兔、赤腹松鼠、青毛巨鼠、白腹巨鼠、中国豪猪、猪獾、小菊头蝠、东亚伏翼、大蹄蝠等;属于古北界的种类有 18 种,占 26.9%,主要代表种有梅花鹿、野猪、黑线姬鼠、山东小麝鼩、狗獾、黄鼬、中华山蝠、华南水鼠耳蝠等。因此,东洋界种类在安吉县兽类地理区系组成中占绝对优势。啮齿目、食肉目及翼手目种类较多,表现出较为明显的山地特征。

7.5　生态类群

安吉县兽类可分为 3 种生态类群。

（1）地栖生态类群。其包括绝大多数的兽类，形态特征表现为四肢发达，善于奔跑。安吉县此类兽类共有 47 种，占安吉县兽类总种数的 70.1%。其包括主要生活在山地和丘陵的东北刺猬、北社鼠、针毛鼠、白腹巨鼠、豪猪、华南兔、黄腹鼬、猪獾、果子狸、豹猫、野猪、小麂、中华鬣羚、中华斑羚等；生活于田野及附近的山东小麝鼩、黑腹绒鼠、黑线姬鼠、黄鼬等；主要生活于居民住宅及附近的小家鼠、黄胸鼠、大足鼠、褐家鼠等。

（2）树栖生态类群。其形态结构适于树栖生活。安吉县此类兽类有猕猴、赤腹松鼠、珀氏长吻松鼠、倭花松鼠 4 种，占安吉县兽类总种数的 6.0%。

（3）飞行生态类群。安吉县此类兽类包括翼手目的小菊头蝠、大菊头蝠、大蹄蝠、中华鼠耳蝠、中管鼻蝠、大卫鼠耳蝠等 16 种，占安吉县兽类总种数的 23.9%。

7.6　珍稀濒危及中国特有种

7.6.1　珍稀濒危及中国特有兽类概况

根据《国家重点保护野生动物名录》（2021），安吉县有国家重点保护兽类 17 种。其中，国家一级重点保护兽类 7 种，如穿山甲、云豹（省内野外灭绝）、金钱豹（省内野外灭绝）、梅花鹿、黑麂、豺（省内野外灭绝）、小灵猫；国家二级重点保护兽类有 10 种，如猕猴、狼（省内野外灭绝）、赤狐（省内野外灭绝）、貉、水獭（安吉野外灭绝）、黄喉貂、豹猫、中华鬣羚、中华斑羚、毛冠鹿。安吉县有中国特有种 4 种，如黑麂、小麂、大卫鼠耳蝠、中华山蝠（表 7-1）。

根据《浙江省重点保护陆生野生动物名录》，安吉县有浙江省重点保护兽类 5 种，如中国豪猪、黄腹鼬、黄鼬、果子狸、食蟹獴（表 7-1）。

根据《中国生物多样性红色名录》，安吉县兽类中，易危（VU）及以上的有 13 种，占安吉县兽类总种数的 19.40%。其中，极危（CR）有 3 种，为穿山甲、云豹、梅花鹿；濒危（EN）有 4 种，分别为黑麂、豺、水獭、金钱豹；易危（VU）有 6 种，分别为小灵猫、豹猫、毛冠鹿、中华鬣羚、中华斑羚、小麂（表 7-1）。

根据《IUCN 红色名录》，安吉县兽类中，易危（VU）及以上的物种有 6 种，占安吉县兽类总种数的 8.96%。其中，极危（CR）有 1 种，为穿山甲；濒危（EN）有 1 种，为豺；易危（VU）有 4 种，分别为云豹、金钱豹、黑麂、中华斑羚（表 7-1）。

7.6.2　重要物种描述

梅花鹿 *Cervus pseudaxis* (Gervais,1841)　　　　　　（图 7-11）

偶蹄目 ARTIODACTYLA　　　鹿科 Cervidae

【栖息环境】　山地阔叶林、灌丛中。

【生态类群】　陆栖类。

【地理区系】　古北界。

【保护等级】　国家一级重点保护野生动物。

【濒危等级】　《IUCN 红色名录》无危(LC);《中国生物多样性红色名录》极危(CR)。

【分布地区】　报福镇、章村镇。

图 7-11　梅花鹿

黑麂 *Muntiacus crinifrons* (Sclater,1885)　　　　　（图 7-12）

偶蹄目 ARTIODACTYLA　　　鹿科 Cervidae

【栖息环境】　山地、丘陵的密林、阔叶林、灌丛中。

【生态类群】　陆栖类。

【地理区系】　东洋界。

【保护等级】　国家一级重点保护野生动物。

【濒危等级】　《IUCN 红色名录》易危(VU);《中国生物多样性红色名录》濒危(EN)。

【分布地区】　梅溪镇、杭垓镇、孝丰镇、报福镇、章村镇、上墅乡、昌硕街道、孝源街道等。

图 7-12　黑麂

穿山甲 *Manis pentadactyla* Linnaeus,1758

鳞甲目 PHOLIDOTA　　鲮鲤科 Manidae

【栖息环境】　灌丛。

【生态类群】　陆栖类。

【地理区系】　东洋界。

【保护等级】　国家一级重点保护野生动物。

【濒危等级】　《IUCN 红色名录》极危(CR);《中国生物多样性红色名录》极危(CR)。

【分布地区】　历史档案资料记载在安吉山区曾广布。近年来虽有救护记录,但无野外自然状态下的发现记录,野外踪迹难觅,本次调查亦未见。

中华鬣羚 *Capricornis milneedwardsii* (David,1869)　　　　　　　　(图 7-13)

偶蹄目 ARTIODACTYLA　　牛科 Bovidae

【栖息环境】　栖息于丘陵或悬崖峭壁处,常在林缘、灌丛、针叶林、竹林、混交林中活动。

【生态类群】　陆栖类。

【地理区系】　东洋界。

【保护等级】　国家二级重点保护野生动物。

【濒危等级】　《IUCN 红色名录》近危(NT);《中国生物多样性红色名录》易危(VU)。

【分布地区】　报福镇、章村镇、天荒坪镇、上墅乡、山川乡。

图 7-13　中华鬣羚

猕猴 *Macaca mulatta*（Zimmermann，1780）　　　　　　（图 7-14）

灵长目 PRIMATES　　　猴科 Cercopithecidae

【栖息环境】　阔叶林、竹林、疏林裸露岩、人造建筑。

【生态类群】　陆栖类。

【地理区系】　东洋界。

【保护等级】　国家二级重点保护野生动物。

【濒危等级】　《IUCN 红色名录》无危（LC）;《中国生物多样性红色名录》无危（LC）。

【分布地区】　章村镇。

图 7-14　猕猴

豹猫 *Prionailurus bengalensis* Kerr，1792　　　　　　（图 7-15）

食肉目 CARNIVORA　　　猫科 Felidae

【栖息环境】　丘陵和有树丛的地区。

【生态类群】　陆栖类。

【地理区系】　东洋界。

【保护等级】　国家二级重点保护野生动物。

【濒危等级】　《IUCN 红色名录》无危（LC）;《中国生物多样性红色名录》易危（VU）。

【分布地区】　孝丰镇、报福镇、章村镇、递铺街道。

图 7-15　豹猫

貉 *Nyctereutes procyonoides* Gray,1834 (图 7-16)

食肉目 CARNIVORA 犬科 Canidae

【栖息环境】 丘陵、河谷、平原。

【生态类群】 陆栖类。

【地理区系】 古北界。

【保护等级】 国家二级重点保护野生动物。

【濒危等级】 《IUCN 红色名录》无危(LC);《中国生物多样性红色名录》近危(NT)。

【分布地区】 梅溪镇、天子湖镇、鄣吴镇、杭垓镇、孝丰镇、章村镇、溪龙乡、递铺街道、昌硕街道、灵峰街道、孝源街道。

图 7-16 貉

小灵猫 *Viverricula indica* (I. Geoffroy Saint-Hilaire,1803)

食肉目 CARNIVORA 灵猫科 Viverridae

【栖息环境】 丘陵地区和半山区的灌丛。

【生态类群】 陆栖类。

【地理区系】 东洋界。

【保护等级】 国家一级重点保护野生动物。

【濒危等级】 《IUCN 红色名录》无危(LC);《中国生物多样性红色名录》易危(VU)。

【分布地区】 历史档案资料记载分布于章村镇。本次调查未见。

豺 *Cuon alpinus* (Pallas,1811)

食肉目 CARNIVORA 犬科 Canidae

【栖息环境】 山地、丘陵地区。

【生态类群】 陆栖类。

【地理区系】 古北界。

【保护等级】 国家一级重点保护野生动物。

【濒危等级】 《IUCN 红色名录》濒危(EN);《中国生物多样性红色名录》濒危(EN)。

【分布地区】 历史档案资料记载安吉山区曾广布。现我国华东地区野外濒临灭绝,本次调查未见。

狼 *Canis lupus* (Linnaeus,1758)

食肉目 CARNIVORA　　犬科 Canidae

【栖息环境】　山地、丘陵地区。

【生态类群】　陆栖类。

【地理区系】　古北界。

【保护等级】　国家二级重点保护野生动物。

【濒危等级】　《IUCN 红色名录》无危(LC);《中国生物多样性红色名录》近危(NT)。

【分布地区】　历史档案资料记载 20 世纪 70 年代安吉山区各乡镇(街道)均有分布,90 年代初仍有野外目击记录。现我国华东地区野外濒临灭绝,本次调查未见。

赤狐 *Vulpes vulpes* Linnaeus,1758

食肉目 CARNIVORA　　犬科 Canidae

【栖息环境】　丘陵。

【生态类群】　陆栖类。

【地理区系】　古北界。

【保护等级】　国家二级重点保护野生动物。

【濒危等级】　《IUCN 红色名录》无危(LC);《中国生物多样性红色名录》近危(NT)。

【分布地区】　历史档案资料记载 20 世纪 70 年代安吉山区各乡镇(街道)均有分布,90 年代初仍有野外目击记录。现我国华东地区野外濒临灭绝,本次调查未见。

云豹 *Neofelis nebulosa* (Griffith,1821)

食肉目 CARNIVORA　　猫科 Felidae

【栖息环境】　高海拔阔叶林中。

【生态类群】　陆栖类。

【地理区系】　东洋界。

【保护等级】　国家一级重点保护野生动物。

【濒危等级】　《IUCN 红色名录》易危(VU);《中国生物多样性红色名录》极危(CR)。

【分布地区】　历史档案资料记载分布于章村镇、报福镇、天荒坪镇。现我国华东地区已濒临灭绝,本次调查未见。

金钱豹 *Panthera pardus* (Linnaeus,1758)

食肉目 CARNIVORA　　猫科 Felidae

【栖息环境】　山地、丘陵地区。

【生态类群】　陆栖类。

【地理区系】　东洋界。

【保护等级】　国家一级重点保护野生动物。

【濒危等级】　《IUCN 红色名录》易危(VU);《中国生物多样性红色名录》濒危(EN)。

【分布地区】　历史档案资料记载分布于章村镇、报福镇、天荒坪镇。现我国华东地区已濒临灭绝,本次调查未见。

水獭 *Lutra lutra* (Linnaeus,1758)

食肉目 CARNIVORA　　鼬科 Mustelidae

【栖息环境】　江河、湖泊、水库附近。

【生态类群】　水栖类。

【地理区系】　东洋界。

【保护等级】　国家二级重点保护野生动物。

【濒危等级】　《IUCN 红色名录》近危(NT);《中国生物多样性红色名录》濒危(EN)。

【分布地区】　历史档案资料记载分布于章村镇、山川乡。现我国华东地区内陆已无野外种群。近年来,浙江省仅在浙东沿海的个别岛屿有极小种群发现,本次调查未见。

黄喉貂 *Martes flavigula* (Boddaert,1785)

食肉目 CARNIVORA　　鼬科 Mustelidae

【栖息环境】　丘陵、山地林中,尤喜沟谷灌丛。

【生态类群】　陆栖类。

【地理区系】　古北界。

【保护等级】　国家二级重点保护野生动物。

【濒危等级】　《IUCN 红色名录》无危(LC);《中国生物多样性红色名录》近危(NT)。

【分布地区】　历史档案资料记载安吉山区曾广布。现安吉县野外踪迹难觅,本次调查亦未见。

毛冠鹿 *Elaphodus cephalophus* Milne-Edwards,1872

偶蹄目 ARTIODACTYLA　　鹿科 Cervidae

【栖息环境】　山地、丘陵的密林、阔叶林、灌丛中。

【生态类群】　陆栖类。

【地理区系】　东洋界。

【保护等级】　国家二级重点保护野生动物。

【濒危等级】　《IUCN 红色名录》近危(NT);《中国生物多样性红色名录》近危(NT)。

【分布地区】　历史档案资料记载安吉山区曾有分布。近年来,无野外自然状态下的发现记录,野外踪迹难觅,本次调查亦未见。

中华斑羚 *Naemorhedus griseus* (Milne-Edwards,1871)

偶蹄目 ARTIODACTYLA　　牛科 Bovidae

【栖息环境】　高海拔阔叶林中。

【生态类群】　陆栖类。

【地理区系】　东洋界。

【保护等级】　国家二级重点保护野生动物。

【濒危等级】　《IUCN 红色名录》易危(VU);《中国生物多样性红色名录》易危(VU)。

【分布地区】　历史档案资料记载分布于章村镇。本次调查未见。

第8章 红外相机拍摄调查

8.1 调查方法和物种鉴定

8.1.1 调查方法

应用红外相机拍摄调查安吉县中大型兽类、地栖性鸟类资源。首先将安吉县划分为 1km×1km 公里网格,通过系统抽样确定 208 个 1km×1km 网格作为红外相机理论布设网格。安吉县红外相机布设位置见图 8-1。

图 8-1 安吉县红外相机布设位置示意图

实际安装过程中,除去居民区、库塘水域、茶园、农田等不宜放置红外相机的公里网格和安装后红外相机丢失的公里网格外,最终有效的红外相机布设公里网格 156 个,安装点位 208 个。每个有效安装点位布设红外相机 1 台,布设时长不少于 1 周年,回收数据和更换电池间隔 4 个月。

8.1.2 物种种群评估指标

（1）相对多度指数

相对多度指数（RAI）主要比较每 100 个工作日内不同物种（特别是那些不能个体识别的物种）的相对密度，并假定某区域内物种的照片拍摄率与物种的密度成正相关。

$$相对多度指数（RAI）=\frac{相机点位\ i\ 拍摄某一物种的独立有效照片数}{相机点位\ i\ 的拍摄天数}\times 100$$

（2）网格占有率

$$网格占有率=\frac{物种\ i\ 被记录到的相机点位数或网格单元数}{所有正常工作的相机点位数或网格单元数}\times 100\%$$

（3）占域模型

用于估算某个区域被目标物种所占据的比例，从而进一步估算物种的丰度、预测物种的分布范围和了解群落结构的一种模型，用于计算每个物种在不完全探测情况下的探测率和实际栖息地占域率。

（4）种群数量估算

应用随机相遇模型、整体估计模型估计某一区域内的物种数量。

（5）日活动节律

基于红外相机数据的物种日活动节律分析，采用的方法主要是核密度估计法，主要涉及 R 软件的 overlap 包和 activity 包。

8.2 红外相机拍摄调查物种编目

红外相机监测时间自 2019 年 4 月至 2020 年 9 月，每台相机平均布设时间大于 12 个月。调查期间共在 156 个网格内完成 208 个有效点位的调查，总有效相机工作日 52096 天，获得有效照片 181404 张。其中，兽类有效照片（不包含家畜，下同）118299 张，占有效照片总数的 65.2%；鸟类有效照片（不包含家禽，下同）29808 张，占有效照片总数的 16.4%。获得独立有效照片 37847 张。其中，兽类独立有效照片 26378 张，占独立有效照片总数的 69.7%；鸟类独立有效照片 6523 张，占独立有效照片总数的 17.2%。

红外相机拍摄调查共记录野生动物 110 种，隶属 20 目 46 科。其中，兽类 25 种，隶属 8 目 15 科；鸟类 80 种，隶属 11 目 29 科；两栖类 1；爬行类 4 种。

安吉县红外相机拍摄记录的兽类和鸟类合计 105 种，占全县野生兽类和鸟类总数的 32.5%。其中，国家一级重点保护野生动物 3 种，为黑麂、梅花鹿、白颈长尾雉；国家二级重点保护野生动物 18 种，为猕猴、貉、豹猫、中华鬣羚、勺鸡、白鹇、鸳鸯、凤头鹰、松雀鹰、领角鸮、领鸺鹠、斑头鸺鹠、游隼、短尾鸦雀、棕噪鹛、画眉、红嘴相思鸟、红喉歌鸲；浙江省重点保护野生动物 8 种，为中国豪猪、黄腹鼬、黄鼬、果子狸、大杜鹃、大斑啄木、灰头绿啄木鸟、棕背伯劳。

8.2.1 相对多度指数

兽类中，相对多度指数（RAI）最高的是小麂，为 12.099（未定种不参与比较，下同），其次为白腹巨鼠和华南兔。小麂无论是分布范围(网格数 134),还是相对多度指数(RAI 12.099),均显著高于与其生态位相似的黑麂(网格数 12,RAI 0.140)、中华鬣羚(网格数 33,RAI 0.064)、梅花鹿(网格数 2,RAI 0.004)。另外,食肉目物种以果子狸、猪獾、鼬獾等中小体型的兽类为主,该地区历史上分布广泛的犬科和猫科等大型兽类均未发现。红外相机拍摄到的网格数较高的兽类(不考虑未定种,下同)有东北刺猬、华南兔、白腹巨鼠、鼬獾、猪獾、果子狸、小麂等。

鸟类中,RAI 以灰胸竹鸡最高(网格数 83,RAI 2.229),虎斑地鸫次之(网格数 86,RAI 1.641)。安吉县红外相机拍摄到的鸫科和鹟科都为 9 种,多于其他科的物种。网格数较高的鸟类(不考虑未定种,下同)有灰胸竹鸡、勺鸡、白鹇、山斑鸠、黑领噪鹛、虎斑地鸫、灰背鸫等。

8.2.2 人为干扰情况

红外相机拍摄调查中,受人为干扰(主要包括家畜、家禽和人类活动)的独立有效照片数 4937 张。其中,人类活动的干扰最为强烈,有 140 个相机位点抓拍到了人类活动。此外,红外相机被人为破坏或盗走 25 台,影像资料均遗失。安吉县红外相机拍摄物种见表 8-1。

表 8-1　安吉县红外相机拍摄物种

目、科、种	保护等级	《IUCN 红色名录》	《中国生物多样性红色名录》	独立有效照片	网格数	相对多度指数
兽类						
劳亚食虫目 EULIPOTYPHLA						
刺猬科 Erinaceidae						
东北刺猬 *Erinaceus amurensis*		LC	LC	702	65	1.363
鼩鼱科 Soricidae						
鼩鼱未定种 Unidentified shrew				54	9	0.105
灵长目 PRIMATES						
猴科 Cercopithecidae						
猕猴 *Macaca mulatta*	国家二级	LC	LC	38	1	0.074
兔形目 LAGOMORPHA						
兔科 Leporidae						
华南兔 *Lepus sinensis*		LC	LC	1495	83	2.903
啮齿目 RODENTIA						
松鼠科 Sciuridae						
赤腹松鼠 *Callosciurus erythraeus*		LC	LC	465	30	0.903
珀氏长吻松鼠 *Dremomys pernyi*		LC	LC	172	35	0.334
松鼠未定种 Unidentified squirrel				1196	97	2.322
鼠科 Muridae						
白腹巨鼠 *Leopoldamys edwardsi*		LC	LC	5451	119	10.584
青毛巨鼠 *Berylmys bowersi*		LC	LC	410	39	0.796
鼠未定种 Unidentified mouse				5770	107	11.203

续表

目、科、种	保护等级	《IUCN红色名录》	《中国生物多样性红色名录》	独立有效照片	网格数	相对多度指数
豪猪科 Hystricidae						
中国豪猪 Hystrix hodgsoni	省重点	LC	LC	5	1	0.01
食肉目 CARNIVORA						
犬科 Canidae						
貉 Nyctereutes procyonoides	国家二级	LC	NT	350	36	0.68
鼬科 Mustelidae						
黄腹鼬 Mustela kathiah	省重点	LC	NT	18	12	0.035
黄鼬 Mustela sibirica	省重点	LC	LC	73	30	0.142
鼬獾 Melogale moschata		LC	NT	1252	106	2.431
亚洲狗獾 Meles leucurus		LC	NT	103	10	0.2
猪獾 Arctonyx collaris		NT	NT	640	99	1.243
灵猫科 Viverridae						
果子狸 Paguma larvata	省重点	LC	NT	651	82	1.264
猫科 Felidae						
豹猫 Prionailurus bengalensis	国家二级	LC	VU	10	4	0.019
偶蹄目 ARTIODACTYLA						
猪科 Suidae						
野猪 Sus scrofa		LC	LC	1121	118	2.177
鹿科 Cervidae						
黑麂 Muntiacus crinifrons	国家一级	VU	EN	72	12	0.14
小麂 Muntiacus reevesi		LC	VU	6231	134	12.099
梅花鹿 Cervus hortulorum	国家一级	LC	CR	2	2	0.004
牛科 Bovidae						
中华鬣羚 Capricornis milneedwardsii	国家二级	NT	VU	33	8	0.064
翼手目 CHIROPTERA						
蝙蝠科 Vespertilionidae						
蝙蝠未定种 Unidentified bat				64	36	0.124
鸟 类						
鸡形目 GALLIFORMES						
雉科 Phasianidae						
灰胸竹鸡 Bambusicola thoracica		LC	LC	1148	83	2.229
勺鸡 Pucrasia macrolopha	国家二级	LC	LC	289	53	0.561
白鹇 Lophura nycthemera	国家二级	LC	LC	466	65	0.905
白颈长尾雉 Syrmaticus ellioti	国家一级	NT	VU	239	20	0.464
环颈雉 Phasianus colchicus		LC	LC	12	8	0.023

续表

目、科、种	保护等级	《IUCN红色名录》	《中国生物多样性红色名录》	独立有效照片	网格数	相对多度指数
雁形目 ANSERIFORMES						
鸭科 Anatidae						
鸳鸯 *Aix galericulata*	国家二级	LC	NT	1	1	0.002
鸽形目 COLUMBIFORMES						
鸠鸽科 Columbidae						
山斑鸠 *Streptopelia orientalis*		LC	LC	385	48	0.748
珠颈斑鸠 *Streptopelia chinensis*		LC	LC	26	10	0.05
鹃形目 CUCULIFORMES						
杜鹃科 Cuculidae						
大杜鹃 *Cuculus canorus*	省重点	LC	LC	1	1	0.002
鸻形目 CHARADRIIFORMES						
鹬科 Scolopacidae						
丘鹬 *Scolopax rusticola*		LC	LC	2	2	0.004
鹈形目 PELECANIFORMES						
鹭科 Ardeidae						
牛背鹭 *Bubulcus ibis*		LC	LC	7	1	0.014
鹰形目 ACCIPITRIFORMES						
鹰科 Accipitridae						
凤头鹰 *Accipiter trivirgatus*	国家二级	LC	NT	8	7	0.016
松雀鹰 *Accipiter virgatus*	国家二级	LC	LC	1	1	0.002
鸮形目 STRIGIFORME						
鸱鸮科 Strigidae						
领角鸮 *Otus lettia*	国家二级	LC	LC	8	1	0.016
领鸺鹠 *Glaucidium brodiei*	国家二级	LC	LC	2	1	0.004
斑头鸺鹠 *Glaucidium cuculoides*	国家二级	LC	LC	1	1	0.002
啄木鸟目 PICFORMES						
啄木鸟科 Picidae						
大斑啄木鸟 *Dendrocopos major*	省重点	LC	LC	1	1	0.002
灰头绿啄木鸟 *Picus canus*	省重点	LC	LC	18	5	0.035
隼形目 FALCONIFORMES						
隼科 Falconidae						
游隼 *Falco peregrinus*	国家二级	LC	NT	1	1	0.002
雀形目 PASSERIFORMES						
山椒鸟科 Campephagidae						
灰喉山椒鸟 *Pericrocotus solaris*		LC	LC	2	1	0.004
卷尾科 Dicruridae						
黑卷尾 *Dicrurus macrocercus*		LC	LC	2	2	0.004

目、科、种	保护等级	《IUCN红色名录》	《中国生物多样性红色名录》	独立有效照片	网格数	相对多度指数
伯劳科 Laniidae						
棕背伯劳 *Lanius schach*	省重点	LC	LC	2	2	0.004
鸦科 Corvidae						
松鸦 *Garrulus glandarius*		LC	LC	122	26	0.237
红嘴蓝鹊 *Urocissa erythroryncha*		LC	LC	73	35	0.142
灰树鹊 *Dendrocitta formosae*		LC	LC	55	20	0.107
喜鹊 *Pica pica*		LC	LC	1	1	0.002
白颈鸦 *Corvus pectoralis*		VU	NT	3	1	0.006
山雀科 Paridae						
大山雀 *Parus cinereus*		LC	LC	53	27	0.103
鹎科 Pycnonntidae						
白头鹎 *Pycnonotus sinensis*		LC	LC	18	8	0.035
栗背短脚鹎 *Hemixos castanonotus*		LC	LC	2	2	0.004
绿翅短脚鹎 *Ixos mcclellandii*		LC	LC	1	1	0.002
黑短脚鹎 *Hypsipetes leucocephalus*		LC	LC	2	1	0.004
树莺科 Cettiidae						
鳞头树莺 *Urosphena squameiceps*		LC	LC	10	5	0.019
强脚树莺 *Horornis fortipes*		LC	LC	3	1	0.006
棕脸鹟莺 *Abroscopus albogularis*		LC	LC	15	11	0.029
长尾山雀科 Aegithalidae						
红头长尾山雀 *Aegithalos concinnus*		LC	LC	3	3	0.006
莺鹛科 Sylviidae						
灰头鸦雀 *Psittiparus gularis*		LC	LC	15	7	0.029
棕头鸦雀 *Sinosuthora webbiana*		LC	LC	7	5	0.014
短尾鸦雀 *Neosuthora davidiana*	国家二级	LC	NT	2	2	0.004
林鹛科 Timaliidae						
华南斑胸钩嘴鹛 *Erythrogenys swinhoei*		LC	LC	14	8	0.027
棕颈钩嘴鹛 *Pomatorhinus ruficollis*		LC	LC	91	29	0.177
红头穗鹛 *Cyanoderma ruficeps*		NE	LC	19	9	0.037
幽鹛科 Pellorneidae						
灰眶雀鹛 *Alcippe morrisonia*		LC	LC	37	21	0.072
噪鹛科 Leiothrichidae						
黑脸噪鹛 *Garrulax perspicillatus*		LC	LC	33	10	0.064
小黑领噪鹛 *Garrulax monileger*		LC	LC	1	1	0.002
黑领噪鹛 *Garrulax pectoralis*		LC	LC	354	61	0.687
灰翅噪鹛 *Garrulax cineraceus*		LC	LC	27	11	0.052
棕噪鹛 *Garrulax poecilorhynchus*	国家二级	LC	LC	320	10	0.621
画眉 *Garrulax canorus*	国家二级	LC	NT	175	32	0.34

续表

目、科、种	保护等级	《IUCN红色名录》	《中国生物多样性红色名录》	独立有效照片	网格数	相对多度指数
红嘴相思鸟 Leiothrix lutea	国家二级	LC	LC	5	3	0.01
鸫科 Turdidae						
橙头地鸫 Geokichla citrina		LC	LC	2	2	0.004
白眉地鸫 Geokichla sibirica		LC	LC	5	2	0.01
虎斑地鸫 Zoothera aurea		LC	LC	845	86	1.641
灰背鸫 Turdus hortulorum		LC	LC	424	54	0.823
乌鸫 Turdus mandarinus		LC	LC	13	6	0.025
白眉鸫 Turdus obscurus		LC	LC	8	7	0.016
白腹鸫 Turdus pallidus		LC	LC	134	26	0.26
红尾斑鸫 Turdus naumanni		LC	LC	5	1	0.01
斑鸫 Turdus eunomus		LC	LC	40	8	0.078
鹟科 Muscicapidae						
红尾歌鸲 Larvivora sibilans		LC	LC	31	12	0.06
北红尾鸲 Phoenicurus auroreus		LC	LC	2	2	0.004
红尾水鸲 Rhyacornis fuliginosa		LC	LC	2	2	0.004
红喉歌鸲 Calliope calliope	国家二级	LC	LC	19	11	0.037
红胁蓝尾鸲 Tarsiger cyanurus		LC	LC	126	30	0.245
小燕尾 Enicurus scouleri		LC	LC	1	1	0.002
灰背燕尾 Enicurus schistaceus		LC	LC	19	3	0.037
白额燕尾 Enicurus leschenaulti		LC	LC	7	4	0.014
紫啸鸫 Myophonus caeruleus		LC	LC	276	19	0.536
梅花雀科 Estrildidae						
白腰文鸟 Lonchura striata		LC	LC	1	1	0.002
雀科 Passeridae						
山麻雀 Passer cinnamomeus		LC	LC	3	1	0.006
麻雀 Passer montanus		LC	LC	2	1	0.004
鹡鸰科 Motacillidae						
树鹨 Anthus hodgsoni		LC	LC	27	12	0.052
燕雀科 Fringillidae						
燕雀 Fringilla montifringilla		LC	LC	7	4	0.014
黄雀 Spinus spinus		LC	LC	1	1	0.002
鹀科 Emberizidae						
白眉鹀 Emberiza tristrami		LC	NT	195	25	0.379
小鹀 Emberiza pusilla		LC	LC	1	1	0.002
黄眉鹀 Emberiza chrysophrys		LC	LC	20	7	0.039
黄喉鹀 Emberiza elegans		LC	LC	8	2	0.016
灰头鹀 Emberiza spodocephala		LC	LC	1	1	0.002
鸟未定种 Unidentified bird				215	59	0.417

续表

目、科、种	保护等级	《IUCN 红色 名录》	《中国生物 多样性 红色名录》	独立 有效 照片	网格 数	相对 多度 指数
无尾目 ANURAN						
蛙未定种 Unidentified frog				3	2	0.006
有鳞目 SQUAMATA						
蜥蜴科 Lacertidae						
蜥蜴未定种 Unidentified lizard				2	2	0.004
游蛇科 Colubridae						
乌梢蛇 *Ptyas dhumnades*		NE	VU	1	1	0.002
王锦蛇 *Elaphe carinata*	省重点	NE	EN	2	2	0.004
蛇未定种 Unidentified snake				1	1	0.002
人类活动						
人				2145	130	4.165
狗				1191	114	2.313
家猫				1418	85	2.753
家鸡				134	5	0.26
家羊				43	6	0.083
家鸭				1	1	0.002
家鹅				5	1	0.01

8.3　主要物种的种群动态及分布

基于安吉县的红外相机监测数据,对重要物种分别进行了网格占有率、分布和活动时间节律分析。监测数据以 10 天为一个调查单元,建立探测历史,对重要物种的占域率、探测率及其影响因素进行评估。

1. 野猪 *Sus scrofa*

网格占有率:拍摄到野猪的点位有 118 个(图 8-2a),网格占有率为 56.7%(图 8-2b),模型估计占域率为 75.5%。

占域:野猪的占域率不受环境因素影响。探测率随着增强型植被指数(EVI)的增大而缓慢减小;野猪在针阔叶混交林的探测率最大,在落叶针叶林的探测率最小(表 8-2)。野猪的占域空间分布如图 8-2c 所示,在整个安吉县都有分布。

日活动节律:野猪的日活动节律表现为明显的昼行性,活动高峰出现在 7:00—10:00 及 17:00—18:00(图 8-2d)。

分布地区:梅溪镇、天子湖镇、鄣吴镇、杭垓镇、孝丰镇、报福镇、章村镇、天荒坪镇、溪龙乡、上墅乡、山川乡、递铺街道、昌硕街道、灵峰街道、孝源街道。

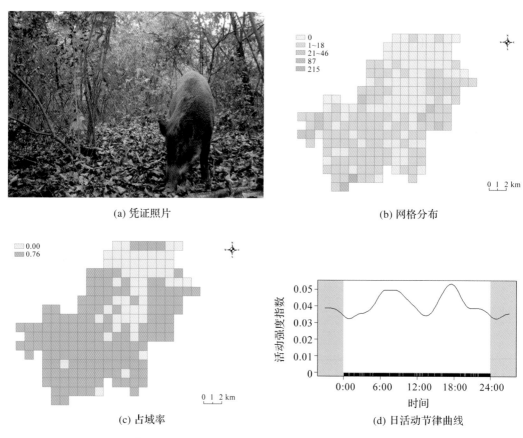

(a) 凭证照片　　　　　　　　　　　　　　　(b) 网格分布

(c) 占域率　　　　　　　　　　　　　　　(d) 日活动节律曲线

图 8-2　野猪的凭证照片(a)、网格分布(b)、占域率(c)、日活动节律曲线(d)

表 8-2　环境协变量对野猪占域率和探测率的影响

模型成分	协变量		估计值	标准误	P 值
占域	截距		1.12	0.22	<0.001
探测	截距		−1.36	0.11	$<2e^{-16}$
	植被类型	常绿针叶林	−0.75	0.19	0.00
		落叶针叶林	−0.91	0.54	0.09
		落叶阔叶林	−0.16	0.17	0.35
		针阔叶混交林	1.48	0.48	0.00
		竹林	−0.29	0.18	0.11
	EVI		−0.05	0.08	0.51

2. 黑麂 *Muntiacus crinifrons*

网格占有率:拍摄到黑麂的点位有 12 个(图 8-3a),网格占有率为 5.8%(图 8-3b),模型估计占域率为 7.9%。

占域:黑麂的占域率受海拔范围、海拔、EVI 值 3 个因素影响。占域率随着海拔范围、海拔的增大而增大,随着 EVI 值的增大也缓慢增大。探测率随着距居民点的距离增大而减小,随着 EVI 值的增大也缓慢减小(表 8-3)。黑麂的占域空间分布如图 8-3c 所示,呈现南部高、北部低的趋势。

日活动节律:黑麂的日活动节律表现为昼行性,2 个活动高峰出现在 6:00—9:00 和 16:00—19:00(图 8-3d)。

分布地区:梅溪镇、杭垓镇、报福镇、章村镇、上墅乡、孝源街道。

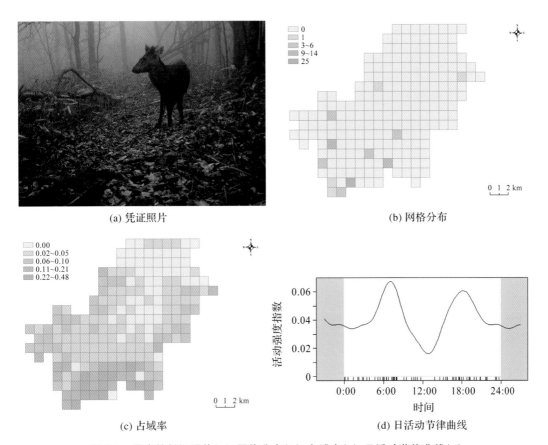

(a) 凭证照片

(b) 网格分布

(c) 占域率

(d) 日活动节律曲线

图 8-3 黑麂的凭证照片(a)、网格分布(b)、占域率(c)、日活动节律曲线(d)

表 8-3 环境协变量对黑麂占域率和探测率的影响

模型成分	协变量	估计值	标准误	P 值
占域	截距	−3.04	0.50	$<2e^{-16}$
	海拔范围	0.54	0.55	0.32
	海拔	0.35	0.43	0.41
	EVI	0.01	0.20	0.92
探测	截距	−2.15	0.27	$<2e^{-16}$
	距居民点的距离	−0.58	0.31	0.06
	EVI	−0.003	0.07	0.96

3. 小麂 *Muntiacus reevesi*

网格占有率:拍摄到小麂的点位有 134 个(图 8-4a),网格占有率为 64.4%(图 8-4b),模型估计占域率为 79.9%。

占域:小麂的占域率受 EVI 值和植被类型 2 个因素影响。占域率随 EVI 值的升高而减小,在 5 种植被类型中,在落叶针叶林的占域率最低,常绿针叶林的占域率最高。小麂的探测率受 EVI 值、距居民点的距离、海拔范围 3 个因素影响。探测率随着 EVI 值的升高而减小,随着距居民点的距离增大而缓慢增大,随着海拔范围的增大而缓慢增大(表 8-4),小麂的占域空间分布如图 8-4c 所示,呈现西南部高、东北部低的趋势。

日活动节律:小麂的日活动节律表现为昼行性,2 个活动高峰出现在 5:00—8:00 和 17:00—19:00(图 8-4d)。

分布地区:梅溪镇、天子湖镇、鄣吴镇、杭垓镇、孝丰镇、报福镇、章村镇、天荒坪镇、溪龙乡、上墅乡、山川乡、递铺街道、昌硕街道、灵峰街道、孝源街道。

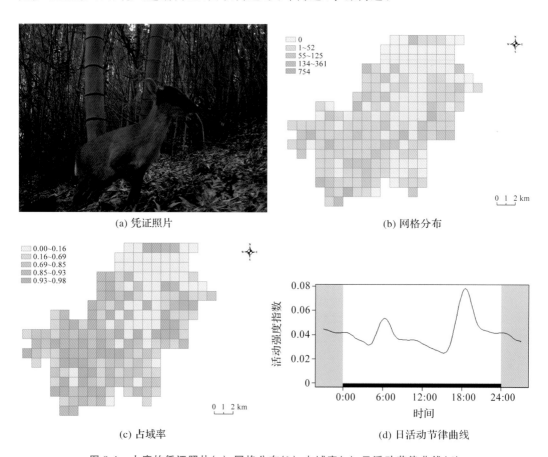

(a) 凭证照片

(b) 网格分布

(c) 占域率

(d) 日活动节律曲线

图 8-4 小麂的凭证照片(a)、网格分布(b)、占域率(c)、日活动节律曲线(d)

表 8-4　环境协变量对小鹿占域率和探测率的影响

模型成分	协变量		估计值	标准误	P 值
占域	截距		3.37	0.92	<0.001
	EVI		−0.60	0.31	0.05
	植被类型	常绿针叶林	−0.69	1.12	0.53
		落叶针叶林	−4.15	1.61	0.00
		落叶阔叶林	−1.92	0.99	0.05
		针阔叶混交林	−3.82	1.52	0.01
		竹林	−2.40	0.93	0.01
探测	截距		−0.36	0.04	$<2e^{-16}$
	EVI		−0.18	0.05	0.00
	距居民点的距离		0.04	0.04	0.3
	海拔范围		0.01	0.03	0.69

4. 亚洲狗獾 *Meles leucurus*

网格占有率：拍摄到亚洲狗獾的点位有 10 个（图 8-5a），网格占有率为 4.8％（图 8-5b），模型估计占域率为 13.5％。

占域：亚洲狗獾的占域率受 EVI 值、距居民点的距离 2 个因素影响。占域率随着

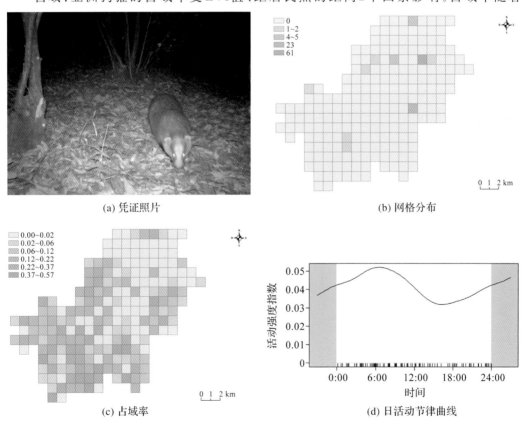

(a) 凭证照片　　　　　　　　(b) 网格分布

(c) 占域率　　　　　　　　(d) 日活动节律曲线

图 8-5　亚洲狗獾的凭证照片 (a)、网格分布 (b)、占域率 (c)、日活动节律曲线 (d)

EVI 值的增大而减小；距离居民点越远，占域率越小。探测率随着海拔的增大而减小，随着 EVI 值的增大也缓慢减小（表 8-5）。亚洲狗獾的占域空间分布如图 8-5c 所示，呈现南部高、北部低的趋势。

日活动节律：亚洲狗獾的日活动节律表现为昼行性，活动高峰出现在 5:00—7:00（图 8-5d）。

分布地区：天子湖镇、杭垓镇、报福镇、溪龙乡、昌硕街道。

表 8-5　环境协变量对亚洲狗獾占域率和探测率的影响

模型成分	协变量	估计值	标准误	P 值
占域	截距	−2.16	0.59	<0.001
	EVI	−0.69	0.88	0.42
	距居民点的距离	−1.65	0.91	0.06
探测	截距	−4.43	0.91	<0.001
	海拔	−5.08	1.50	0.00
	EVI	−0.41	0.53	0.43

5. 东北刺猬 *Erinaceus amurensis*

网格占有率：拍摄到东北刺猬的点位有 65 个（图 8-6a），网格占有率为 31.3%

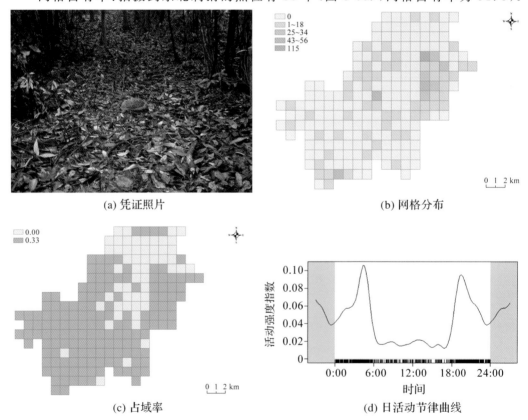

(a) 凭证照片　　　　　　　　　　(b) 网格分布

(c) 占域率　　　　　　　　　　(d) 日活动节律曲线

图 8-6　东北刺猬的凭证照片(a)、网格分布(b)、占域率(c)、日活动节律曲线(d)

(图 8-6b),模型估计占域率为 32.5%。

占域:东北刺猬的占域率不受环境因素影响。坡位为中部时,探测率最高;坡向为东时,探测率最高,在其他坡向的探测率减小(表 8-6)。东北刺猬的占域分布如图 8-6c 所示,除去红外影像丢失区域外,在安吉县均有分布。

日活动节律:东北刺猬的日活动节律表现为明显的夜行性,活动高峰出现在 4:00、20:00 前后(图 8-6d)。

分布地区:梅溪镇、天子湖镇、鄣吴镇、杭垓镇、孝丰镇、报福镇、章村镇、天荒坪镇、溪龙乡、上墅乡、递铺街道、昌硕街道、灵峰街道、孝源街道。

表 8-6 环境协变量对东北刺猬占域率和探测率的影响

模型成分	协变量		估计值	标准误	P 值
占域	截距		−0.73	0.24	0.00
探测	截距		−8.54	95.90	0.92
	坡位	山脊	6.84	95.90	0.94
		上部	6.96	95.90	0.94
		下部	5.57	95.90	0.95
		中部	8.03	95.90	0.93
	坡向	东	0.29	0.49	0.54
		东北	−0.79	0.48	0.10
		东南	−0.62	0.49	0.20
		南	−0.02	0.32	0.94
		无	−1.54	0.70	0.02
		西	−2.18	1.06	0.04
		西北	−1.46	0.82	0.07
		西南	−2.62	1.15	0.02

6. 鼬獾 *Melogale moschata*

网格占有率:拍摄到鼬獾的点位有 106 个(图 8-7a),网格占有率为 50.9%(图 8-7b),模型估计占域率为 61.9%。

占域:鼬獾的占域率不受环境因素影响。探测率受植被类型、坡位、坡向、EVI 值 4 个因素影响。探测率随着 EVI 值增大而缓慢减小;在落叶针叶林的探测率最大,在针阔叶混交林的探测率最小;在下坡的探测率最大;坡向为南时,探测率最大。在这 4 个环境因素中,坡位对探测率的影响最大(表 8-7)。鼬獾的占域空间分布如图 8-7c 所示,安吉县均有分布。

日活动节律:鼬獾的日活动节律表现为明显的夜行性,活动高峰出现在 4:00—5:00、20:00 前后(图 8-7d)。

分布地区:梅溪镇、天子湖镇、鄣吴镇、杭垓镇、孝丰镇、报福镇、章村镇、天荒坪镇、溪龙乡、上墅乡、山川乡、递铺街道、昌硕街道、灵峰街道、孝源街道。

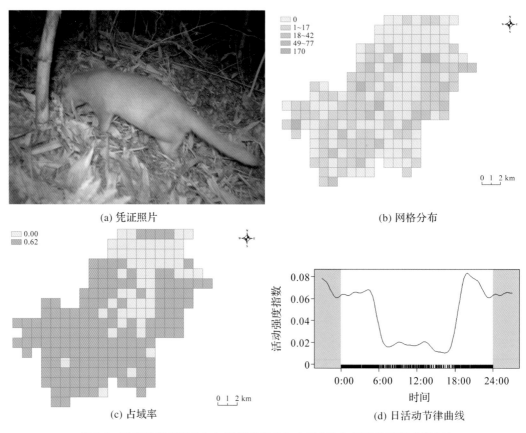

(a) 凭证照片   (b) 网格分布

(c) 占域率   (d) 日活动节律曲线

图 8-7　鼬獾的凭证照片(a)、网格分布(b)、占域率(c)、日活动节律曲线(d)

表 8-7　环境协变量对鼬獾占域率和探测率的影响

模型成分	协变量		估计值	标准误	P 值
占域	截距		0.48	0.17	0.00
探测	截距		−2.84	22.67	0.90
	植被类型	常绿针叶林	−0.27	0.22	0.21
		落叶针叶林	0.63	0.46	0.17
		落叶阔叶林	−0.16	0.20	0.43
		针阔叶混交林	−6.10	18.47	0.74
		竹林	0.24	0.19	0.20
	坡位	山脊	1.56	22.68	0.94
		上部	1.59	22.69	0.94
		下部	1.71	22.72	0.93
		中部	1.39	22.66	0.95
	坡向	东	−0.09	0.21	0.67
		东北	−0.04	0.15	0.76
		东南	−0.05	0.16	0.74
		南	0.01	0.09	0.85
		北	−0.08	0.20	0.68
		西	−0.04	0.14	0.76
		西北	−0.30	0.65	0.63
		西南	−0.10	0.23	0.66
	EVI		−0.03	0.07	0.60

7. 猪獾 *Arctonyx collaris*

网格占有率:拍摄到猪獾的点位有 99 个(图 8-8a),网格占有率为 47.6%(图 8-8b),模型估计占域率为 56.1%。

占域:猪獾的占域率不受环境因素影响。探测率受植被类型、EVI 值 2 个因素影响。探测率随着 EVI 值的增大而缓慢减小;在落叶阔叶林的探测率最大,在针阔叶混交林的探测率最小(表 8-8)。猪獾的占域空间分布如图 8-8c 所示,安吉县均有分布。

日活动节律:猪獾的日活动节律表现为明显的夜行性,活动高峰出现在凌晨 3:00—5:00、20:00—22:00(图 8-8d)。

分布地区:梅溪镇、天子湖镇、鄣吴镇、杭垓镇、孝丰镇、报福镇、章村镇、天荒坪镇、溪龙乡、上墅乡、山川乡、递铺街道、昌硕街道、灵峰街道、孝源街道。

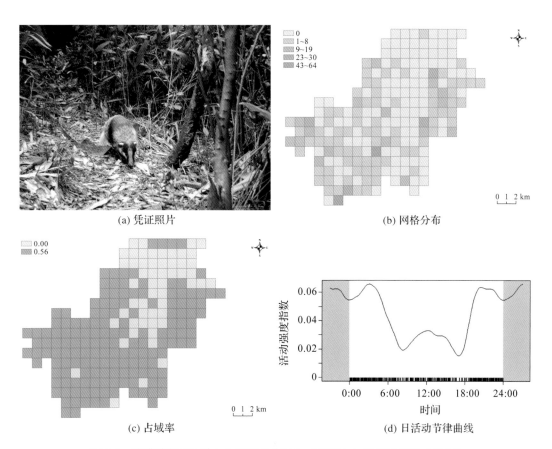

(a) 凭证照片　　　　　(b) 网格分布

(c) 占域率　　　　　(d) 日活动节律曲线

图 8-8　猪獾的凭证照片(a)、网格分布(b)、占域率(c)、日活动节律曲线(d)

表 8-8　环境协变量对猪獾占域率和探测率的影响

模型成分	协变量		估计值	标准误	P 值
占域	截距		0.24	0.24	0.31
探测	截距		-2.31	0.22	$<2e^{-16}$
	植被类型	常绿针叶林	-0.37	0.33	0.25
		落叶针叶林	-0.21	0.87	0.81
		落叶阔叶林	0.49	0.27	0.07
		针阔叶混交林	-9.59	88.98	0.91
		竹林	-0.31	0.32	0.33
	EVI		-0.02	0.07	0.79

8. 果子狸 *Paguma larvata*

网格占有率：拍摄到果子狸的点位有 82 个（图 8-9a），网格占有率为 39.4%（图 8-9b），模型估计占域率为 51.7%。

占域：果子狸的占域率不受环境因素影响。探测率受植被类型、EVI 值 2 个因素影响。探测率随着 EVI 值的增大而减小；在落叶针叶林的探测率最大，在常绿针叶林的探测率最小（表 8-9）。果子狸的占域空间分布如图 8-9c 所示，安吉县均有分布。

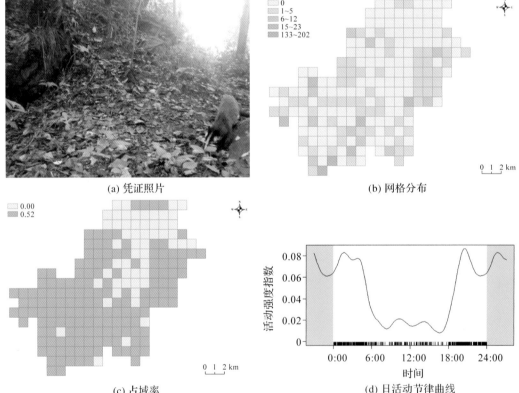

(a) 凭证照片　　　(b) 网格分布

(c) 占域率　　　(d) 日活动节律曲线

图 8-9　果子狸的凭证照片(a)、网格分布(b)、占域率(c)、日活动节律曲线(d)

日活动节律:果子狸的日活动节律表现为明显的夜行性,活动高峰出现在 2:00—3:00、21:00 前后(图 8-9d)。

分布地区:梅溪镇、天子湖镇、鄣吴镇、杭垓镇、孝丰镇、报福镇、章村镇、天荒坪镇、上墅乡、山川乡、递铺街道、昌硕街道、灵峰街道。

表 8-9　环境协变量对果子狸占域率和探测率的影响

模型成分	协变量		估计值	标准误	P 值
占域	截距		0.07	0.24	0.77
探测	截距		−1.92	0.21	<0.001
	植被类型	常绿针叶林	−1.92	0.46	<0.001
		落叶针叶林	0.85	0.64	0.18
		落叶阔叶林	−0.08	0.32	0.80
		针阔叶混交林	0.16	0.71	0.82
		竹林	−0.61	0.31	0.05
	EVI		−0.31	0.15	0.04

9. 赤腹松鼠 *Callosciurus erythraeus*

网格占有率:拍摄到赤腹松鼠的点位有 30 个(图 8-10a),网格占有率为 14.4%(图 8-10b),模型估计占域率 17.8%。

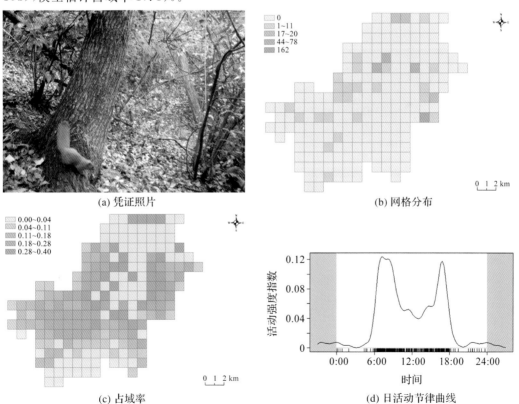

(a) 凭证照片

(b) 网格分布

(c) 占域率

(d) 日活动节律曲线

图 8-10　赤腹松鼠的凭证照片(a)、网格分布(b)、占域率(c)、日活动节律曲线(d)

占域:赤腹松鼠的占域率随着 EVI 值的增大而增大,随着海拔的增大而减小,随着海拔范围的增大而缓慢减小。探测率受 EVI 值、海拔、海拔范围 3 个因素影响。探测率随着 EVI 值的增大而增大,随着海拔的增高而减小,随着海拔范围的增大缓慢减小(表 8-10)。赤腹松鼠的占域空间分布如图 8-10c 所示,呈现中部高、南部和北部低的趋势,说明赤腹松鼠多生活在海拔较低的区域。

日活动节律:赤腹松鼠的日活动节律表现为明显的昼行性,活动高峰出现在 6:00—7:00、17:00 前后(图 8-10d)。

分布地区:梅溪镇、天子湖镇、郎吴镇、杭垓镇、孝丰镇、报福镇、章村镇、上墅乡、递铺街道、昌硕街道。

表 8-10　环境协变量对赤腹松鼠占域率和探测率的影响

模型成分	协变量	估计值	标准误	P 值
占域	截距	−1.64	0.43	0.00
	EVI	0.13	0.30	0.64
	海拔	−1.25	0.98	0.20
	海拔范围	−0.18	0.38	0.64
探测	截距	−2.55	0.32	$<2e^{-16}$
	EVI	0.58	0.21	0.00
	海拔	−1.33	0.50	0.00
	海拔范围	−0.01	0.03	0.96

10. 白鹇 *Lophura nycthemera*

网格占有率:拍摄到白鹇的点位有 65 个(图 8-11a),网格占有率为 31.3%(图 8-11b)。

占域:白鹇的占域率受人为干扰强度、植被类型、EVI 值 3 个因素影响。人为干扰强度为弱时,占域率最大;占域率在落叶针叶林最小,在针阔叶混交林最大;占域率随着 EVI 值的增大而缓慢减小。探测率随着 EVI 值的增大而缓慢减少,随着海拔范围的增大而减少,也随着距居民点的距离的增大而缓慢减少(表 8-11)。白鹇的占域空间分布如图 8-11c 所示,呈现中部高、南部稍低的趋势。

日活动节律:白鹇的日活动节律表现为明显的昼行性,2 个活动高峰出现在 7:00—9:00、16:00—18:00(图 8-11d)。

分布地区:梅溪镇、天子湖镇、郎吴镇、杭垓镇、孝丰镇、报福镇、章村镇、天荒坪镇、溪龙乡、上墅乡、山川乡、递铺街道、昌硕街道、灵峰街道。

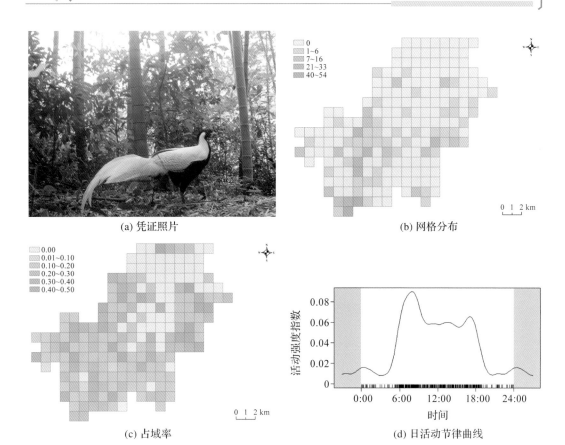

(a) 凭证照片

(b) 网格分布

(c) 占域率

(d) 日活动节律曲线

图 8-11 白鹇的凭证照片(a)、网格分布(b)、占域率(c)、日活动节律曲线(d)

表 8-11 环境协变量对白鹇占域率和探测率的影响

模型成分	协变量		估计值	标准误	P 值
占域	截距		−1.34	1.49	0.36
	人为干扰强度	无	0.86	1.31	0.51
		弱	0.96	1.28	0.45
		中	0.38	0.84	0.65
	植被类型	常绿针叶林	−0.86	0.89	0.33
		落叶针叶林	−4.44	30.85	0.88
		落叶阔叶林	−0.72	0.79	0.35
		针阔叶混交林	−0.13	1.03	0.89
		竹林	−0.87	0.89	0.32
	EVI		−0.04	0.17	0.81
探测	截距		−1.41	0.12	$<2e^{-16}$
	EVI		−0.07	0.13	0.58
	海拔范围		−0.10	0.14	0.45
	距居民点的距离		−0.01	0.05	0.78

11. 白颈长尾雉 *Syrmaticus ellioti*

网格占有率:拍摄到白颈长尾雉的点位有 20 个(图 8-12a),网格占有率为 9.6%(图 8-12b)。

占域:白颈长尾雉的占域率随着海拔和 EVI 值的增大而增大,随着距居民点的距离的增大而缓慢增大,随着海拔范围的增大而缓慢减小。探测率随着距居民点的距离的增大而缓慢减小,随着海拔范围、海拔、EVI 值的增大而缓慢增大;探测率在人为干扰强度弱的时候最大(表 8-12)。白颈长尾雉的占域空间分布如图 8-12c 所示,呈现山区高、平原低的趋势。

日活动节律:白颈长尾雉的日活动节律表现为明显的昼行性,2 个活动高峰出现在7:00、17:00 前后(图 8-12d)。

分布地区:杭垓镇、孝丰镇、报福镇、章村镇、天荒坪镇。

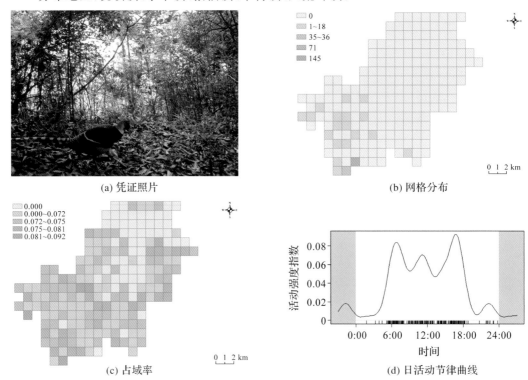

(a) 凭证照片

(b) 网格分布

(c) 占域率

(d) 日活动节律曲线

图 8-12　白颈长尾雉的凭证照片(a)、网格分布(b)、占域率(c)、日活动节律曲线(d)

表 8-12　环境协变量对白颈长尾雉占域率和探测率的影响

模型成分	协变量		估计值	标准误	P 值
占域	截距		−2.55	0.38	$<2e^{-16}$
	距居民点的距离		0.03	0.14	0.82
	海拔范围		−0.01	0.12	0.93
	海拔		0.02	0.11	0.85
	EVI		0.02	0.15	0.89
探测	截距		−3.01	14.29	0.83
	距居民点的距离		−0.05	0.13	0.68
	海拔范围		0.01	0.13	0.91
	海拔		0.02	0.12	0.86
	EVI		0.01	0.14	0.90
	人为干扰强度	无	−0.27	108.66	0.99
		弱	0.82	14.31	0.95
		中	0.76	14.28	0.95

12. 灰胸竹鸡 *Bambusicola thoracica*

网格占有率:拍摄到灰胸竹鸡的点位有 83 个(图 8-13a),网格占有率为 39.9%(图 8-13b),模型估计占域率为 40.8%。

占域:灰胸竹鸡的占域率随着海拔的增大而减小,随着 EVI 值的增大也缓慢减小。探测率随着距居民点的距离、海拔范围的增大而缓慢减小,随着海拔的增大而缓慢增大,随着 EVI 值的增大而增大(表 8-13)。灰胸竹鸡的占域空间分布如图 8-13c 所示,呈现中部高、南部低的趋势。

日活动节律:灰胸竹鸡的日活动节律表现为明显的昼行性,2 个活动高峰出现在 6:00 前后、16:00—17:00(图 8-13d)。

分布地区:梅溪镇、天子湖镇、鄣吴镇、杭垓镇、孝丰镇、报福镇、章村镇、天荒坪镇、溪龙乡、上墅乡、递铺街道、昌硕街道、灵峰街道、孝源街道。

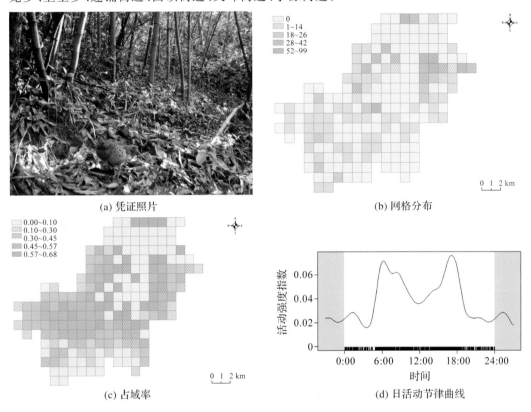

(a) 凭证照片　　　　(b) 网格分布

(c) 占域率　　　　(d) 日活动节律曲线

图 8-13　灰胸竹鸡的凭证照片(a)、网格分布(b)、占域率(c)、日活动节律曲线(d)

表 8-13　环境协变量对灰胸竹鸡占域率和探测率的影响

模型成分	协变量	估计值	标准误	P 值
占域	截距	−0.304	0.199	0.125
	海拔	−1.381	0.379	0.000
	EVI	−0.001	0.092	0.990

续表

模型成分	协变量	估计值	标准误	P 值
探测	截距	-1.753	0.115	$<2e^{-16}$
	距居民点的距离	-0.019	0.062	0.757
	海拔范围	-0.003	0.045	0.942
	海拔	0.006	0.076	0.932
	EVI	0.203	0.150	0.175

13. 虎斑地鸫 *Zoothera aurea*

网格占有率:拍摄到虎斑地鸫的点位有 86 个(图 8-14a),网格占有率为 41.3%(图 8-14b),模型估计占域率为 49.7%。

占域:虎斑地鸫的占域率随着 EVI 值的增大而增大;占域率与人为干扰强度呈正相关,在人为干扰强度为弱时最高。在人为干扰强度为无时最低。探测率不受环境因素影响(表 8-14)。虎斑地鸫的占域空间分布如图 8-14c 所示,呈现在南部、西部、东部山区高,在中部平原地区低的趋势。

日活动节律:虎斑地鸫的日活动节律表现为明显的昼行性,2 个活动高峰出现在 7:00 前后,16:00—17:00(图 8-14d)。

分布地区:梅溪镇、天子湖镇、郎吴镇、杭垓镇、孝丰镇、报福镇、章村镇、天荒坪镇、溪龙乡、上墅乡、山川乡、递铺街道、昌硕街道、灵峰街道、孝源街道。

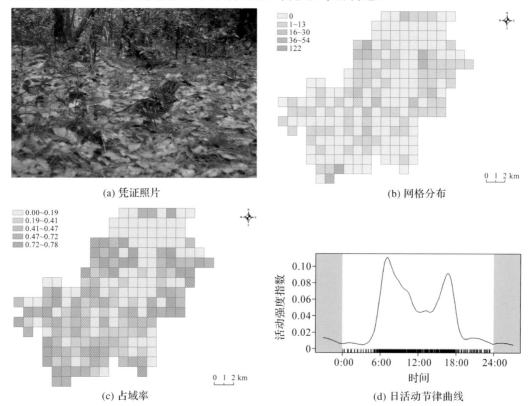

(a) 凭证照片

(b) 网格分布

(c) 占域率

(d) 日活动节律曲线

图 8-14　虎斑地鸫的凭证照片(a)、网格分布(b)、占域率(c)、日活动节律曲线(d)

表 8-14　环境协变量对虎斑地鸫占域率和探测率的影响

模型成分	协变量		估计值	标准误	P 值
占域	截距		−2.036	0.77632	0.008726
	EVI		0.19669	0.26362	0.455603
	人为干扰强度	无	0.33209	1.35282	0.806086
		弱	2.97749	0.83908	0.000387
		中	1.61923	0.81385	0.046636
探测	截距		−1.88926	0.09086	$<2e^{-16}$

8.4　种群数量估算

采用随机相遇模型和整体估计模型对安吉县红外相机记录的兽类和鸡形目物种的种群数量进行估算。其中，未定种不参与计算；猕猴、中国豪猪、黄腹鼬、豹猫、梅花鹿、环颈雉由于独立探测数过少，也未参与计算。最终确定的种群数量估算物种包括兽类16种和鸡形目4种。

8.4.1　随机相遇模型

近年来，Rowcliffe等把动物个体的运动模式和气体分子碰撞率模型相结合，只需要动物个体或种群移动速率、红外相机自身设置的参数以及相机对目标动物的记录参数，就可获得目标地区内动物个体或种群的准确数量和种群密度。但是，动物个体随机运动只是一个理想情况下的假设，野外动物的实际运动模式往往是非常复杂且不受控制的，因此，这一模型还存在一定程度的局限性。野生动物种群数量和密度的估算，仍需更多的处理数据模型。

采用随机相遇模型来估算种群数量。

$$D = \frac{y}{t} \frac{\pi}{vr(2+\theta)}$$

$$N = DS$$

式中：D 为种群密度（只/km²）；y 为独立探测数（次）；t 为调查时间（天）；π 取值 3.14；v 为动物移动速率（km/天）；r 为拍摄距离（km）；θ 为相机拍摄的最大弧度（rad）；N 为种群数量（只）；S 为占域面积（km²，由占域模型测算）。

本次所用的红外相机，拍摄的最大角度为 55°，换算成弧度为 0.96rad，相机的拍摄距离为 18m。

根据王岐山等对松鼠的日活动距离的测定，赤腹松鼠的日活动距离为 0.13～0.21km，珀氏长吻松鼠的日活动距离参考赤腹松鼠；根据王静轩等对野猪的日活动距离的测定，野猪的日活动距离为 2.05～3.81km，兽类其他物种的日活动距离参考野猪；根据蔡路昀等对白颈长尾雉的日活动距离的测定，白颈长尾雉的日活动距离为 0.33～0.43km，鸡形目其他物种的日活动距离参考白颈长尾雉。

利用红外相机数据,对安吉县兽类和鸡形目物种的种群数量与密度进行估算。结果如表 8-15、图 8-15、图 8-16 所示。

表 8-15　安吉县兽类和鸡形目物种种群数量与密度(随机相遇模型)

物种	独立探测数/次	最小种群密度/(只/km²)	最大种群密度/(只/km²)	占域面积/km²	最小种群数量/只	最大种群数量/只
东北刺猬	702	0.62	2.04	717.23	443	1463
华南兔	1495	1.06	2.46	882.50	936	2174
赤腹松鼠	465	4.09	6.82	442.04	1808	3016
珀氏长吻松鼠	172	1.51	2.52	588.65	890	1485
白腹巨鼠	5451	3.98	7.73	1717.70	6837	13286
青毛巨鼠	410	0.30	0.58	658.60	197	383
貉	350	0.20	0.58	373.81	75	217
黄鼬	73	0.06	0.16	706.61	42	110
鼬獾	1252	0.88	1.77	1270.59	1123	2245
亚洲狗獾	103	0.10	0.24	281.61	29	67
猪獾	640	0.32	0.98	1159.02	370	1132
果子狸	651	0.35	0.99	1076.65	380	1065
野猪	1121	0.55	1.02	1607.58	888	1646
黑麂	72	0.03	0.06	147.89	5	8
小麂	6231	2.70	4.97	1697.56	4584	8430
中华鬣羚	33	0.01	0.03	940.53	13	25
灰胸竹鸡	1148	4.22	5.76	872.60	3681	5025
勺鸡	289	1.25	1.64	578.45	724	946
白鹇	466	1.98	2.56	697.76	1380	1787
白颈长尾雉	239	1.03	1.37	194.71	200	267

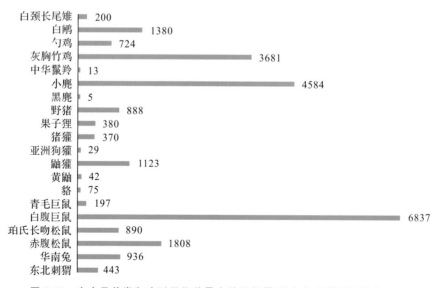

图 8-15　安吉县兽类和鸡形目物种最小种群数量(随机相遇模型)(单位:只)

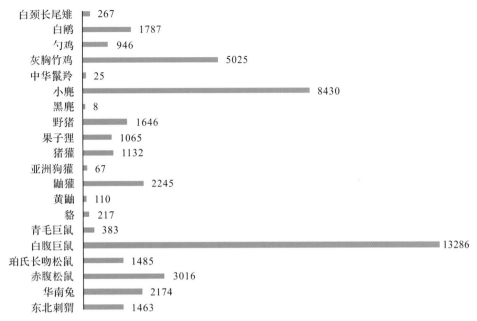

图 8-16　安吉县兽类和鸡形目物种最大种群数量(随机相遇模型)(单位:只)

1. 野猪

野猪的最小种群密度为 0.55 只/km², 最大种群密度为 1.02 只/km², 种群数量为 888~1646 只。

2. 黑麂

黑麂的种群密度为 0.03~0.06 只/km², 种群数量最少, 为 5~8 只。

3. 小麂

小麂的种群密度为 2.70~4.97 只/km², 种群数量为 4584~8430 只, 种群数量居安吉县第二位。

4. 中华鬣羚

中华鬣羚的种群密度为 0.01~0.03 只/km², 种群数量为 13~25 只。

5. 白颈长尾雉

白颈长尾雉的种群密度为 1.03~1.37 只/km², 由此估算出白颈长尾雉的种群数量为 200~267 只, 在鸡形目物种中, 种群数量最少。

6. 其他物种

白腹巨鼠的种群数量最多, 为 6837~13286 只。

青毛巨鼠的种群密度为 0.30~0.58 只/km², 种群数量为 197~383 只。

东北刺猬的种群密度为 0.62~2.04 只/km², 种群数量为 443~1463 只。

貉、亚洲狗獾、黄鼬的种群数量相对较少, 最大种群数量分别为 217、67、110 只。

鼬獾的种群密度相对较小，为 0.88～1.77 只/km²，但由于鼬獾的占域面积大，种群数量较大，为 1123～2245 只。

猪獾与果子狸的最大种群密度接近，分别为 0.98 只/km²、0.99 只/km²，种群数量接近，分别为 1132、1065 只。

华南兔的种群密度为 1.06～2.46 只/km²，种群数量为 936～2174 只。

赤腹松鼠与珀氏长吻松鼠为同属物种，但前者的种群数量约为后者的 2.03 倍。

鸡形目中，灰胸竹鸡的种群数量最大，为 3681～5025 只，约为白鹇的 2.7 倍；勺鸡的种群数量为 724～946 只。

8.4.2 整体估计模型

整体估计模型是以整体拍摄到的独立照片数来估计某一区域内的物种数量，计算公式如下：

$$N_o = S_i D$$

$$D = \frac{\alpha_m}{A}$$

$$\alpha_m = \frac{\sum_{j=1}^{N} \frac{N_j}{t}}{N}$$

式中：N_o 为种群数量（只）；S_i 为物种 i 的占域面积（km²，通过占域模型测算）；D 为调查区域内种群平均密度（只/km²）；N 为调查区域内所布设的红外相机数量；t 为监测时间（天）；A 为每台红外相机的监测面积（km²）；α_m 为每台相机所拍摄的监测物种个体数量的平均值；N_j 为相机 j 拍摄的独立照片数。

利用整体估计模型计算物种数量，结果如表 8-16、图 8-17 所示。

表 8-16 安吉县兽类和鸡形目物种种群数量与密度（整体估计模型）

物种	独立探测数/次	种群密度/（只/km²）	占域面积/km²	种群数量/只
东北刺猬	702	0.51	717.23	366
华南兔	1495	1.09	882.50	958
赤腹松鼠	465	0.34	442.04	149
珀氏长吻松鼠	172	0.12	588.65	74
白腹巨鼠	5451	3.96	1717.70	6801
青毛巨鼠	410	0.30	658.60	196
貉	350	0.25	373.81	95
黄鼬	73	0.05	706.61	37
鼬獾	1252	0.91	1270.59	1155
亚洲狗獾	103	0.07	281.61	21
猪獾	640	0.46	1159.02	539
果子狸	651	0.47	1076.65	509
野猪	1121	0.81	1607.58	1309
黑麂	72	0.05	147.89	8
小麂	6231	4.53	1697.56	7683

续表

物种	独立探测数/次	种群密度/(只/km²)	占域面积/km²	种群数量/只
中华鬣羚	33	0.02	940.53	23
灰胸竹鸡	1148	0.83	872.60	728
勺鸡	289	0.21	578.45	121
白鹇	466	0.34	697.76	236
白颈长尾雉	239	0.17	194.71	34

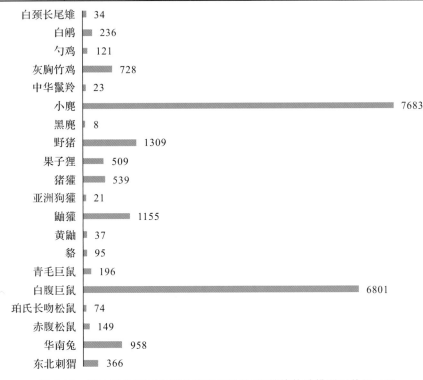

图 8-17　安吉县兽类和鸡形目物种种群数量(整体估计模型)(单位:只)

1.黑麂

黑麂的种群密度最小,为 0.05 只/km²,种群数量约为 8 只。

2.中华鬣羚

中华鬣羚的种群密度为 0.02 只/km²,种群数量约为 23 只。

3.野猪

野猪的种群密度为 0.81 只/km²,占域面积大,种群数量达千只以上,约为 1309 只。

4.小麂

种群密度最大的为小麂,为 4.53 只/km²,种群数量约为 7683 只。

5.白颈长尾雉

白颈长尾雉的种群密度在鸡形目中最小,为 0.17 只/km²,种群数量约为 34 只。

6. 其他物种

白腹巨鼠的种群数量为 6801 只,低于小麂是由于鼠科物种在红外相机中难以识别,使得白腹巨鼠的独立探测数等偏小,计算结果偏小。

青毛巨鼠的种群密度为 0.30 只/km²,种群数量约为 196 只。

猪獾、果子狸的种群密度接近,分别为 0.46、0.47 只/km²,说明两者的生态位接近。

华南兔的种群密度达 1.09 只/km²,但占域面积较小,种群数量约为 958 只。

东北刺猬的种群密度和占域面积都较小,种群密度为 0.51 只/km²,种群数量仅有 366 只。

亚洲狗獾、貉、赤腹松鼠、珀氏长吻松鼠、黄鼬的种群数量小,分别为 21、95、149、74、37 只。

鼬獾的种群数量较大,约 1155 只,种群密度为 0.91 只/km²。

鸡形目中,灰胸竹鸡的种群密度最高,为 0.83 只/km²;其次为白鹇;勺鸡居第三位,为 0.21 只/km²。

8.5 物种间日活动节律比较

8.5.1 竞争物种间的日活动节律比较

对安吉县兽类和鸟类的竞争物种间的日活动节律曲线及其重叠度进行分析(表 8-17)。兽类的竞争物种分析包括猪獾—鼬獾、猪獾—果子狸、猪獾—貉、猪獾—小麂、野猪—小麂、鼬獾—野猪。结果表明,猪獾—鼬獾、猪獾—果子狸、猪獾—小麂、野猪—小麂的日活动节律曲线的重叠系数高,但具有显著的差异(P＜0.05);猪獾—貉的日活动节律曲线的重叠系数高,且无明显差异;鼬獾—野猪的日活动节律曲线的重叠系数相对较低。鸟类的竞争物种分析包括白鹇—灰胸竹鸡、白鹇—白颈长尾雉、白鹇—勺鸡、灰胸竹鸡—白颈长尾雉。结果表明,白鹇—灰胸竹鸡、灰胸竹鸡—白颈长尾雉的日活动节律曲线高度重叠,差异显著(P＜0.05);白鹇—勺鸡、白鹇—白颈长尾雉的日活动节律曲线重叠度高,但差异不显著(图 8-18)。

表 8-17 竞争物种间的日活动节律曲线的相关系数

物种对	重叠系数	P 值	95%置信区间下限	95%置信区间上限
猪獾—鼬獾	0.885	0.000	0.841	0.912
猪獾—果子狸	0.866	0.000	0.821	0.904
猪獾—貉	0.918	0.286	0.856	0.941
猪獾—小麂	0.800	0.000	0.779	0.844
野猪—小麂	0.895	0.000	0.874	0.923
鼬獾—野猪	0.664	0.000	0.647	0.718
白鹇—灰胸竹鸡	0.839	0.000	0.794	0.886
白鹇—白颈长尾雉	0.884	0.064	0.833	0.935
白鹇—勺鸡	0.939	0.884	0.861	0.949
灰胸竹鸡—白颈长尾雉	0.838	0.000	0.798	0.892

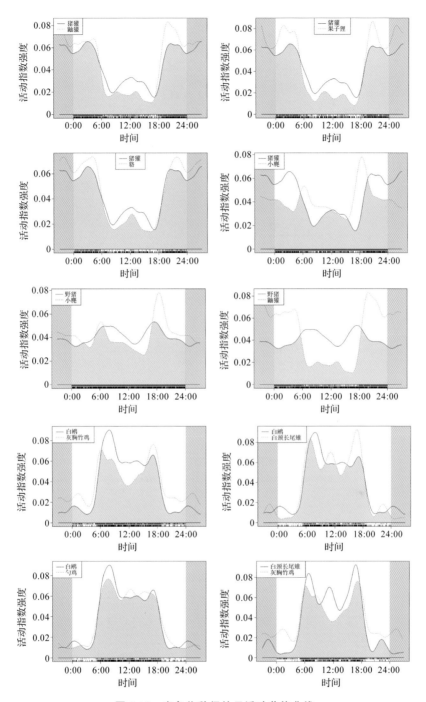

图 8-18 竞争物种间的日活动节律曲线

8.5.2 捕食者与猎物间的日活动节律比较

对安吉县的捕食者与猎物间的日活动节律曲线及其重叠度进行分析（表 8-18），主要物种包括鼬獾—白鹇、鼬獾—白腹巨鼠、鼬獾—灰胸竹鸡、鼬獾—白颈长尾雉、鼬獾—赤腹松鼠、黄鼬—白鹇、黄鼬—白腹巨鼠、黄鼬—灰胸竹鸡、黄鼬—白颈长尾雉、黄鼬—赤腹松鼠。结果表明,鼬獾与白腹巨鼠的日活动节律曲线高度重叠,但差异显著;鼬獾与白鹇、灰胸竹鸡、白颈长尾雉、赤腹松鼠的日活动节律曲线的重叠度低,且差异显著($P<$ 0.05)(图 8-19)。黄鼬与各物种之间的日活动节律曲线具有中等程度的重叠度;且除灰胸竹鸡外,黄鼬与其他猎物之间的日活动节律曲线差异显著($P<$0.05)(图 8-20)。

表 8-18 捕食者与猎物间的日活动节律曲线的相关系数

物种对	重叠系数	P 值	95%置信区间下限	95%置信区间上限
鼬獾—白鹇	0.397	0.000	0.390	0.470
鼬獾—白腹巨鼠	0.899	0.000	0.871	0.922
鼬獾—灰胸竹鸡	0.529	0.000	0.521	0.591
鼬獾—白颈长尾雉	0.373	0.000	0.369	0.463
鼬獾—赤腹松鼠	0.278	0.000	0.281	0.347
黄鼬—白鹇	0.749	0.000	0.644	0.845
黄鼬—白腹巨鼠	0.558	0.000	0.475	0.676
黄鼬—灰胸竹鸡	0.864	0.117	0.757	0.901
黄鼬—白颈长尾雉	0.731	0.000	0.638	0.828
黄鼬—赤腹松鼠	0.626	0.000	0.529	0.729

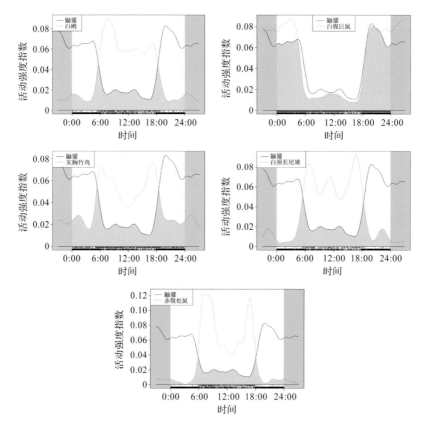

图 8-19 鼬獾与猎物间的日活动节律曲线

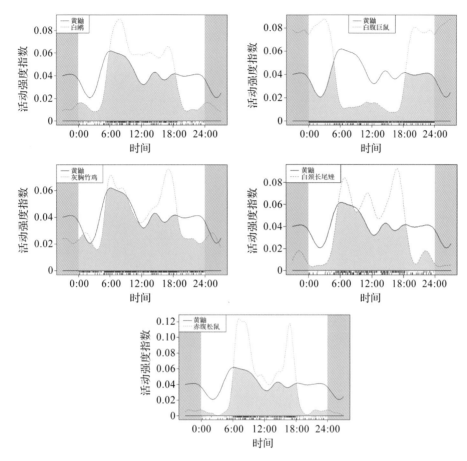

图 8-20　黄鼬与猎物间的日活动节律曲线

8.6　与历史数据比较

安吉县历史兽类名录来自浙江安吉小鲵国家级自然保护区兽类初步调查、安吉县西北部地区陆生脊椎动物的初步调查。安吉县本次红外相机拍摄调查记录兽类 25 种，隶属 8 目 15 科，其中老鼠类、鼩鼱类、蝙蝠类、部分松鼠类难以确定具体种类，故不参与比较。本次调查与当地历史兽类名录比较见表 8-19。

表 8-19　本次调查与安吉县历史兽类名录比较

中文名	拉丁名	历史兽类名录	红外相机拍摄
东北刺猬	*Erinaceus amurensis*	●	●
猕猴	*Macaca mulatta*	●	●
穿山甲	*Manis pentadactyla*	●	
华南兔	*Lepus sinensis*	●	●
中国豪猪	*Hystrix hodgsoni*	●	●
狼	*Canis lupus*	●	

续表

中文名	拉丁名	历史兽类名录	红外相机拍摄
赤狐	*Vulpes vulpes*	●	
豺	*Cuon alpinus*	●	
貉	*Nyctereutes procyonoides*	●	●
黄喉貂	*Martes flavigula*	●	
黄腹鼬	*Mustela kathiah*	●	●
黄鼬	*Mustela sibirica*	●	●
鼬獾	*Melogale moschata*	●	●
亚洲狗獾	*Meles leucurus*	●	●
猪獾	*Arctonyx collaris*	●	●
水獭	*Lutra lutra*	●	
小灵猫	*Viverricula indica*	●	
果子狸	*Paguma larvata*	●	
食蟹獴	*Herpestes urva*	●	
豹猫	*Prionailurus bengalensis*	●	●
云豹	*Neofelis nebulosa*	●	
金钱豹	*Panthera pardus*	●	
野猪	*Sus scrofa*	●	●
毛冠鹿	*Elaphodus cephalophus*	●	
黑麂	*Muntiacus crinifrons*	●	●
小麂	*Muntiacus reevesi*	●	●
梅花鹿	*Cervus pseudaxis*	●	
中华斑羚	*Naemorhedus griseus*	●	
中华鬣羚	*Capricornis milneedwardsii*	●	●

红外相机的应用使得安吉县兽类调查取得了优良的效果,除去疑似野外灭迹的云豹、金钱豹、豺、狼、赤狐等物种外,红外相机拍摄调查到了一半以上的兽类物种。

8.7 乡镇(街道)间数据比较

从安吉县应用红外相机拍摄调查记录的鸟类和兽类的种数来看,报福镇种数最多,其次为递铺街道,山川乡最少。单从兽类的物种数来看,章村镇的兽类种数最多,天荒坪镇最少。单从鸟类的种数来看,报福镇鸟类种数最多,梅溪镇、天子湖镇、杭垓镇、孝丰镇、溪龙乡、昌硕街道种数接近,上墅乡最少(表8-20、表8-21)。

需要特别说明的是,山川乡作为山区乡镇,野生动物资源的多样性理应相对丰富,但是由于本次调查中山川乡红外相机丢失率较高,影响了山川乡的调查结果。

表 8-20　安吉县不同乡镇(街道)红外相机拍摄物种数量

乡镇(街道)	鸟兽种数	兽类种数	鸟类种数
梅溪镇	49	14	35
天子湖镇	48	15	33

续表

乡镇(街道)	鸟兽种数	兽类种数	鸟类种数
鄣吴镇	33	13	20
杭垓镇	48	15	33
孝丰镇	46	15	31
报福镇	63	18	45
章村镇	45	19	26
天荒坪镇	27	10	17
溪龙乡	42	11	31
上墅乡	20	13	7
山川乡	17	11	6
递铺街道	57	14	43
昌硕街道	46	14	32
灵峰街道	24	11	13
孝源街道	30	11	19
总计	100	21	79

表 8-21　安吉县不同乡镇(街道)红外相机拍摄结果比较(不包括未定种)

中文名	梅溪镇	天子湖镇	鄣吴镇	杭垓镇	孝丰镇	报福镇	章村镇	天荒坪镇	溪龙乡	上墅乡	山川乡	递铺街道	昌硕街道	灵峰街道	孝源街道
兽类															
东北刺猬	√	√	√	√	√	√	√	√	√	√	×	√	√	√	√
猕猴	×	×	×	×	×	×	√	×	×	×	×	×	×	×	×
华南兔	√	√	√	√	√	√	√	√	√	×	√	√	√	√	√
赤腹松鼠	√	√	√	√	√	√	√	√	√	√	√	√	√	√	√
珀氏长吻松鼠	√	√	√	√	√	√	√	√	√	√	√	√	√	√	√
白腹巨鼠	√	√	√	√	√	√	√	√	√	√	√	√	√	√	√
青毛巨鼠	√	√	√	√	√	√	√	√	√	√	√	√	√	√	√
中国豪猪	×	×	×	×	×	×	×	×	√	√	×	×	×	×	×
貉	√	√	√	√	√	√	√	√	√	×	√	√	√	√	√
黄腹鼬	×	√	√	√	√	√	√	√	√	√	√	√	√	√	√
黄鼬	√	√	√	√	√	√	√	√	√	√	√	√	√	√	√
鼬獾	√	√	√	√	√	√	√	√	√	√	√	√	√	√	√
亚洲狗獾	×	√	√	√	×	√	×	×	√	×	√	√	√	√	×
猪獾	√	√	√	√	√	√	√	√	√	√	√	√	√	√	√
果子狸	√	√	√	√	√	√	√	√	√	×	√	√	√	×	×
豹猫	√	√	√	√	√	√	√	√	√	√	√	√	√	√	√
野猪	√	√	√	√	√	√	√	√	√	√	√	√	√	√	√
黑麂	√	×	√	√	×	√	√	×	×	×	×	×	×	×	×
小麂	√	√	√	√	√	√	√	√	√	√	√	√	√	√	√
梅花鹿	×	×	×	×	×	×	×	×	×	×	×	×	×	×	×

续表

中文名	梅溪镇	天子湖镇	鄣吴镇	杭垓镇	孝丰镇	报福镇	章村镇	天荒坪镇	溪龙乡	上墅乡	山川乡	递铺街道	昌硕街道	灵峰街道	孝源街道
鸟 类															
中华鬷羚	×	×	×	×	×	√	√	×	×	×	√	×	×	×	×
灰胸竹鸡	√	√	√	√	√	√	√	√	√	√	√	×	√	√	√
勺鸡	√	×	√	√	√	√	√	√	√	√	×	×	×	×	×
白鹇	√	√	√	√	√	√	√	√	√	√	×	×	×	×	×
白颈长尾雉	×	×	×	×	×	×	×	×	×	×	×	×	×	×	×
环颈雉	√	×	×	×	√	×	×	√	√	×	×	×	×	×	×
鸳鸯	×	×	×	×	×	√	×	×	×	×	×	×	×	×	×
山斑鸠	√	√	×	√	√	√	×	×	√	√	×	×	×	×	×
珠颈斑鸠	√	√	×	√	×	√	×	×	×	×	√	×	×	×	√
大杜鹃	×	×	×	×	×	×	×	×	×	×	×	×	×	×	×
丘鹬	×	×	×	×	×	×	×	×	×	×	×	×	×	×	×
牛背鹭	×	×	×	×	×	×	×	×	×	×	×	×	×	×	×
凤头鹰	√	×	×	×	√	×	×	×	×	×	×	×	×	×	×
松雀鹰	√	×	×	×	×	×	×	×	×	×	×	×	×	×	×
领角鸮	×	×	×	×	×	×	×	×	×	×	×	×	×	×	×
领鸺鹠	√	×	×	×	×	×	×	×	×	×	×	×	×	×	×
斑头鸺鹠	×	√	×	×	×	×	×	×	×	×	×	×	×	×	×
大斑啄木鸟	×	×	×	×	×	×	×	×	×	×	×	×	×	×	×
灰头绿啄木鸟	×	×	×	×	×	×	√	√	×	×	×	×	×	×	×
游隼	×	×	×	×	×	×	×	×	×	×	×	×	√	×	×
灰喉山椒鸟	×	×	×	×	×	×	×	×	×	×	×	×	×	×	×
黑卷尾	×	×	×	×	×	×	√	√	×	×	×	×	×	×	×
棕背伯劳	×	×	×	×	×	×	×	×	×	×	×	×	×	√	√
松鸦	√	√	×	√	√	×	×	√	√	×	×	√	×	√	×
红嘴蓝鹊	√	√	×	√	×	√	×	×	√	×	×	×	×	×	×
灰树鹊	√	√	√	×	×	√	×	×	√	×	×	×	×	×	×
喜鹊	×	×	×	×	×	×	×	×	×	×	×	×	×	×	×
白颈鸦	×	×	×	×	×	×	×	×	×	×	×	×	√	×	√
大山雀	√	×	√	×	√	√	×	×	√	√	×	×	×	×	×
白头鹎	×	×	×	×	×	×	×	×	×	×	×	×	×	×	×
栗背短脚鹎	×	×	×	×	×	×	×	√	×	×	×	×	×	√	×
绿翅短脚鹎	×	×	×	×	√	×	×	×	×	×	×	×	×	×	×
黑短脚鹎	×	×	×	×	×	×	×	×	×	×	×	×	×	×	×
鳞头树莺	×	×	×	×	×	×	√	×	×	×	×	×	×	×	×
强脚树莺	×	×	×	×	×	×	×	×	×	×	×	×	×	×	×
棕脸鹟莺	×	×	×	×	√	√	√	×	×	√	√	×	√	×	×
红头长尾山雀	×	×	×	×	×	√	×	×	×	√	×	×	×	×	×
灰头鸦雀	×	√	×	×	×	×	×	×	×	×	×	×	×	×	×
棕头鸦雀	×	×	×	×	×	√	×	×	×	×	×	×	×	×	×
短尾鸦雀	×	×	×	×	×	×	×	×	√	×	×	√	×	×	×

续表

中文名	梅溪镇	天子湖镇	郎吴镇	杭垓镇	孝丰镇	报福镇	章村镇	天荒坪镇	溪龙乡	上墅乡	山川乡	递铺街道	昌硕街道	灵峰街道	孝源街道
华南斑胸钩嘴鹛	√	√	√	√	×	√	√	×	×	×	×	√	×	×	×
棕颈钩嘴鹛	√	√	√	√	√	√	√	×	√	×	×	×	√	√	×
红头穗鹛	√	×	√	√	×	√	√	√	√	×	×	√	×	×	×
灰眶雀鹛	√	√	√	√	√	√	×	√	√	×	√	×	×	×	×
黑脸噪鹛	√	√	√	√	×	×	×	×	√	×	√	√	×	×	√
小黑领噪鹛	×	×	√	×	√	×	×	×	×	×	×	√	×	×	×
黑领噪鹛	√	×	√	×	√	×	√	×	×	×	×	√	×	×	×
灰翅噪鹛	√	×	√	×	×	×	×	×	×	×	×	√	×	×	×
棕噪鹛	×	×	√	√	×	√	×	×	×	×	√	√	×	×	×
画眉	√	×	√	√	√	√	√	√	√	×	×	√	×	×	×
红嘴相思鸟	×	×	√	√	×	×	×	×	×	×	×	√	×	×	×
橙头地鸫	×	×	×	√	×	×	×	×	×	×	×	√	×	×	×
白眉地鸫	×	×	×	√	×	×	×	×	√	×	×	×	×	×	×
虎斑地鸫	√	×	√	√	√	√	√	×	×	√	√	√	×	×	×
灰背鸫	√	×	√	×	√	√	√	√	×	×	×	√	×	×	×
乌鸫	√	×	×	×	×	×	×	×	×	×	×	√	×	×	×
白眉鸫	×	×	×	×	√	√	×	×	×	×	×	×	×	×	×
白腹鸫	√	×	×	×	×	√	√	×	×	×	×	√	×	×	×
红尾斑鸫	×	×	×	×	×	√	×	×	×	×	×	×	×	×	×
斑鸫	×	×	√	×	×	√	×	×	√	×	×	√	×	×	×
红尾歌鸲	×	×	×	×	×	×	×	×	×	√	×	√	×	×	×
北红尾鸲	×	×	×	×	×	×	×	×	×	×	×	√	×	×	×
红尾水鸲	×	×	×	×	×	×	×	×	×	×	×	√	×	×	×
红喉歌鸲	×	×	×	×	×	×	×	×	×	×	×	√	×	×	×
红胁蓝尾鸲	√	×	√	√	×	√	×	√	√	×	×	√	×	√	×
小燕尾	×	×	×	×	×	×	×	×	×	×	×	√	×	×	×
灰背燕尾	√	√	√	√	√	×	√	×	×	×	×	√	×	×	×
白额燕尾	√	×	×	√	×	×	×	×	×	√	×	√	×	×	×
紫啸鸫	√	√	√	×	√	×	×	×	×	×	×	√	×	×	×
白腰文鸟	×	×	√	×	×	×	×	×	×	×	×	×	×	×	×
山麻雀	×	×	×	×	×	×	×	×	×	×	×	√	×	×	×
麻雀	×	×	×	×	×	×	×	×	×	×	×	√	×	×	×
树鹨	√	×	√	×	√	×	√	√	×	√	×	√	√	×	√
燕雀	×	×	×	×	×	×	×	×	×	×	×	√	×	×	×
黄雀	×	×	×	×	×	×	×	×	×	×	×	√	×	×	×
白眉鹀	√	×	×	×	×	×	×	√	√	√	×	√	×	×	×
小鹀	×	×	×	×	×	×	×	√	×	×	×	×	×	×	×
黄眉鹀	√	×	×	×	×	×	×	×	√	√	×	√	√	×	×
黄喉鹀	×	√	×	×	×	×	×	×	×	×	×	×	×	×	×
黄胸鹀	√	×	×	×	×	×	×	×	×	×	×	×	×	×	×

注:"√"表示有物种记录,"×"表示无物种记录。

第9章 野生动物多样性及珍稀濒危物种

9.1 野生动物种类

安吉县为野生动植物提供了良好的生态栖息环境,野生动物资源丰富。通过长达三年的野外调查,共记录安吉县境内野生脊椎动物472种,隶属38目126科,占全省野生脊椎动物总种数的48%,其中土著鱼类7目17科74种,两栖类2目9科27种,爬行类3目16科48种,鸟类18目63科256种,兽类8目21科67种。

9.2 调查新发现

本次安吉县野生动物资源调查最突出的成绩之一是新发现大量野生动物新分布记录,共计91种(表9-1)。其中,两栖类3种,爬行类9种,鸟类70种,兽类9种,共占全县两栖类、爬行类、鸟类、兽类物种总数(398种)的23%。安吉县91种新分布记录中,属于湖州地区首次发现的有29种。

表 9-1 安吉县野生动物新分布记录

序号	中文名	拉丁名	备注
		兽类	
1	大足鼠	*Rattus nitidus*	湖州新记录
2	大菊头蝠	*Rhinolophus luctus*	湖州新记录
3	中华菊头蝠	*Rhinolophus sinicus*	湖州新记录
4	中华鼠耳蝠	*Myotis chinensis*	湖州新记录
5	大卫鼠耳蝠	*Myotis davidii*	湖州新记录
6	大棕蝠	*Eptesicus serotinus*	湖州新记录
7	中华山蝠	*Nyctalus plancyi*	湖州新记录
8	斑蝠	*Scotomanes ornatus*	湖州新记录
9	中管鼻蝠	*Murina huttoni*	湖州新记录
		鸟类	
1	小天鹅	*Cygnus columbianus*	
2	鸿雁	*Anser cygnoides*	
3	豆雁	*Anser fabalis*	
4	白额雁	*Anser albifrons*	

续表

序号	中文名	拉丁名	备注
5	小白额雁	*Anser erythropus*	湖州新记录
6	赤麻鸭	*Tadorna ferruginea*	
7	普通秋沙鸭	*Mergus merganser*	
8	中华秋沙鸭	*Mergus squamatus*	
9	凤头䴙䴘	*Podiceps cristatus*	
10	小杜鹃	*Cuculus poliocephalus*	
11	小鸦鹃	*Centropus bengalensis*	
12	普通秧鸡	*Rallus indicus*	
13	灰鹤	*Grus grus*	湖州新记录
14	黑翅长脚鹬	*Himantopus himantopus*	
15	长嘴剑鸻	*Charadrius placidus*	
16	金眶鸻	*Charadrius dubius*	
17	环颈鸻	*Charadrius alexandrinus*	
18	彩鹬	*Rostratula benghalensis*	
19	丘鹬	*Scolopax rusticola*	
20	针尾沙锥	*Gallinago stenura*	
21	鹤鹬	*Tringa erythropus*	
22	青脚鹬	*Tringa nebularia*	
23	白腰草鹬	*Tringa ochropus*	
24	林鹬	*Tringa glareola*	
25	矶鹬	*Actitis hypoleucos*	
26	红颈滨鹬	*Calidris ruficollis*	
27	黑腹滨鹬	*Calidris alpina*	
28	小黑背银鸥	*LCarus fuscus*	湖州新记录
29	红嘴鸥	*hroicocephalus ridibundus*	湖州新记录
30	灰翅浮鸥	*Chlidonias hybrida*	
31	白翅浮鸥	*Chlidonias leucopterus*	
32	东方白鹳	*Ciconia boyciana*	湖州新记录
33	白琵鹭	*Platalea leucorodia*	湖州新记录
34	黄斑苇鳽	*Ixobrychus sinensis*	
35	鹗	*Pandion haliaetus*	湖州新记录
36	黑冠鹃隼	*Aviceda leuphotes*	
37	凤头蜂鹰	*Pernis ptilorhynchus*	
38	黑翅鸢	*Elanus caeruleus*	湖州新记录
39	日本松雀鹰	*Accipiter gularis*	
40	普通𫛭	*Buteo japonicus*	
41	白腹隼雕	*Aquila fasciata*	湖州新记录
42	鹰雕	*Nisaetus nipalensis*	
43	黄嘴角鸮	*Otus spilocephalus*	湖州新记录
44	白胸翡翠	*Halcyon smyrnensis*	

续表

序号	中文名	拉丁名	备注
45	斑鱼狗	*Ceryle rudis*	
46	黑眉拟啄木鸟	*Psilopogon faber*	湖州新记录
47	秃鼻乌鸦	*Corvus frugilegus*	
48	小嘴乌鸦	*Corvus corone*	
49	纯色山鹪莺	*Prinia inornata*	
50	小鳞胸鹪鹛	*Pnoepyga pusilla*	湖州新记录
51	矛斑蝗莺	*Locustella lanceolata*	
52	小蝗莺	*Locustella certhiola*	
53	华南冠纹柳莺	*Phylloscopus goodsoni*	
54	鳞头树莺	*Urosphena squameiceps*	
55	橙头地鸫	*Geokichla citrina*	湖州新记录
56	红尾斑鸫	*Turdus naumanni*	
57	红尾歌鸲	*Larvivora sibilans*	
58	红喉歌鸲	*Calliope calliope*	
59	灰背燕尾	*Enicurus schistaceus*	
60	黑喉石䳭	*Saxicola maurus*	
61	黄眉姬鹟	*Ficedula narcissina*	
62	铜蓝鹟	*Eumyias thalassinus*	湖州新记录
63	太平鸟	*Bombycilla garrulus*	
64	小太平鸟	*Bombycilla japonica*	
65	丽星鹩鹛	*Elachura formosa*	湖州新记录
66	橙腹叶鹎	*Chloropsis hardwickii*	
67	黄鹡鸰	*Motacilla tschutschensis*	
68	田鹨	*Anthus richardi*	
69	小鹀	*Emberiza pusilla*	
70	苇鹀	*Emberiza pallasi*	
爬行类			
1	宁波滑蜥	*Scincella modesta*	湖州新记录
2	中国钝头蛇	*Pareas chinensis*	
3	原矛头蝮	*Protobothrops mucrosquamatus*	
4	中国小头蛇	*Oligodon chinensis*	
5	黑背白环蛇	*Lycodon ruhstrati*	湖州新记录
6	灰腹绿锦蛇	*Gonyosoma frenatum*	湖州新记录
7	钝尾两头蛇	*Calamaria septentrionalis*	湖州新记录
8	山溪后棱蛇	*Opisthotropis latouchii*	
9	黑头剑蛇	*Sibynophis chinensis*	湖州新记录
两栖类			
1	小弧斑姬蛙	*Microhyla heymonsi*	
2	武夷湍蛙	*Amolops wuyiensis*	
3	布氏泛树蛙	*Polypedates braueri*	

9.3　国家重点保护野生动物

根据《国家重点保护野生动物名录》(2021),安吉县有国家重点保护野生动物 72 种,其中国家一级重点保护野生动物 12 种,国家二级重点保护野生动物 60 种。按动物类别统计,这 72 种国家重点保护野生动物中,兽类有 17 种,鸟类有 47 种,爬行类有 5 种,两栖类有 2 种,鱼类有 1 种(表 9-2)。

表 9-2　安吉县国家重点保护野生动物

保护等级	类别	中文名	拉丁名	备注
国家一级重点保护野生动物(12 种)	兽类(7 种)	梅花鹿	*Cervus pseudaxis*	
		黑麂	*Muntiacus crinifrons*	
		穿山甲	*Manis pentadactyla*	历史记录
		豺	*Cuon alpinus*	历史记录
		小灵猫	*Viverricula indica*	历史记录
		云豹	*Neofelis nebulosa*	历史记录
		金钱豹	*Panthera pardus*	历史记录
	鸟类(3 种)	白颈长尾雉	*Syrmaticus ellioti*	
		中华秋沙鸭	*Mergus squamatus*	
		东方白鹳	*Ciconia boyciana*	
	爬行类(1 种)	扬子鳄	*Alligator sinensis*	历史记录
	两栖类(1 种)	安吉小鲵	*Hynobius amjiensis*	
国家二级重点保护野生动物(60 种)	兽类(10 种)	猕猴	*Macaca mulatta*	
		狼	*Canis lupus*	历史记录
		貉	*Nyctereutes procyonoides*	
		赤狐	*Vulpes vulpes*	历史记录
		水獭	*Lutra lutra*	历史记录
		黄喉貂	*Martes flavigula*	历史记录
		豹猫	*Prionailurus bengalensis*	
		毛冠鹿	*Elaphodus cephalophus*	历史记录
		中华鬣羚	*Capricornis milneedwardsii*	
		中华斑羚	*Naemorhedus griseus*	历史记录
	鸟类(44 种)	勺鸡	*Pucrasia macrolopha*	
		白鹇	*Lophura nycthemera*	
		小天鹅	*Cygnus columbianus*	
		鸿雁	*Anser cygnoides*	
		白额雁	*Anser albifrons*	
		小白额雁	*Anser erythropus*	
		鸳鸯	*Aix galericulata*	
		小鸦鹃	*Centropus bengalensis*	
		灰鹤	*Grus grus*	
		白琵鹭	*Platalea leucorodia*	
		鹗	*Pandion haliaetus*	

续表

保护等级	类别	中文名	拉丁名	备注
国家二级重点保护野生动物（60种）	鸟类（44种）	黑冠鹃隼	*Aviceda leuphotes*	
		凤头蜂鹰	*Pernis ptilorhynchus*	
		黑翅鸢	*Elanus caeruleus*	
		黑鸢	*Milvus migrans*	
		蛇雕	*Spilornis cheela*	
		凤头鹰	*Accipiter trivirgatus*	
		赤腹鹰	*Accipiter soloensis*	
		日本松雀鹰	*Accipiter gularis*	
		松雀鹰	*Accipiter virgatus*	
		雀鹰	*Accipiter nisus*	
		苍鹰	*Accipiter gentilis*	
		灰脸鵟鹰	*Butastur indicus*	
		普通鵟	*Buteo japonicus*	
		林雕	*Ictinaetus malaiensis*	
		白腹隼雕	*Aquila fasciata*	
		鹰雕	*Nisaetus nipalensis*	
		领角鸮	*Otus lettia*	
		红角鸮	*Otus sunia*	
		黄嘴角鸮	*Otus spilocephalus*	
		雕鸮	*Bubo bubo*	
		领鸺鹠	*Glaucidium brodiei*	
		斑头鸺鹠	*Glaucidium cuculoides*	
		日本鹰鸮	*Ninox japonica*	
		白胸翡翠	*Halcyon smyrnensis*	
		红隼	*Falco tinnunculus*	
		游隼	*Falco peregrinus*	
		云雀	*Alauda arvensis*	
		短尾鸦雀	*Neosuthora davidiana*	
		棕噪鹛	*Garrulax poecilorhynchus*	
		画眉	*Garrulax canorus*	
		红嘴相思鸟	*Leiothrix lutea*	
		红喉歌鸲	*Calliope calliope*	
		蓝鹀	*Emberiza siemsseni*	
	爬行类（4种）	脆蛇蜥	*Dopasia harti*	
		平胸龟	*Platysternon megacephalum*	
		乌龟	*Mauremys reevesii*	
		黄缘闭壳龟	*Cuora flavomarginata*	
	两栖类（1种）	中国瘰螈	*Paramesotriton chinensis*	
	鱼类（1种）	胭脂鱼＊	*Myxocyprinus asiaticus*	国内引入种

注："＊"表示引入种。胭脂鱼非安吉县土著物种，养殖引入后逃逸，形成野生种群。

9.4 《世界自然保护联盟濒危物种红色名录》濒危物种

根据《世界自然保护联盟濒危物种红色名录》(简称《IUCN 红色名录》),安吉县有易危(VU)及以上物种 25 种,其中,极危(CR)3 种,濒危(EN)7 种,易危(VU)15 种(表 9-3)。

表 9-3 安吉县《IUCN 红色名录》易危(VU)及以上物种

类别	濒危等级	中文名	拉丁名	备注
兽类(6种)	极危(CR)	穿山甲	*Manis pentadactyla*	历史记录
	濒危(EN)	豺	*Cuon alpinus*	历史记录
	易危(VU)	黑麂	*Muntiacus crinifrons*	
		中华斑羚	*Naemorhedus griseus*	历史记录
		云豹	*Neofelis nebulosa*	历史记录
		金钱豹	*Panthera pardus*	历史记录
鸟类(6种)	濒危(EN)	中华秋沙鸭	*Mergus squamatus*	
		东方白鹳	*Ciconia boyciana*	
	易危(VU)	鸿雁	*Anser cygnoides*	
		小白额雁	*Anser erythropus*	
		白颈鸦	*Corvus pectoralis*	
		田鹀	*Emberiza rustica*	
爬行类(6种)	极危(CR)	扬子鳄	*Alligator sinensis*	历史记录
	濒危(EN)	平胸龟	*Platysternon megacephalum*	
		乌龟	*Mauremys reevesii*	
		黄缘闭壳龟	*Cuora flavomarginata*	
	易危(VU)	中华鳖	*Pelodiscus sinensis*	
		舟山眼镜蛇	*Naja atra*	
两栖类(5种)	极危(CR)	安吉小鲵	*Hynobius amjiensis*	
	易危(VU)	九龙棘蛙	*Quasipaa jiulongensis*	
		棘胸蛙	*Quasipaa spinosa*	
		武夷湍蛙	*Amolops wuyiensis*	
		凹耳臭蛙	*Odorrana tormota*	
鱼类(2种)	濒危(EN)	鳗鲡	*Anguilla japonica*	
	易危(VU)	鲢	*Hypophthalmichthys molitrix*	

9.5 《中国生物多样性红色名录——脊椎动物卷》濒危物种

根据《中国生物多样性红色名录——脊椎动物卷》(简称《中国生物多样性红色名录》),安吉县易危(VU)及以上物种有 43 个,其中,极危(CR)有 7 种,濒危(EN)有 14 种,易危(VU)有 22 种(表 9-4)。

表 9-4　安吉县《中国生物多样性红色名录》易危（VU）及以上物种

类别	濒危等级	中文名	拉丁名	备注
兽类（13 种）	极危（CR）	穿山甲	*Manis pentadactyla*	历史记录
		云豹	*Neofelis nebulosa*	历史记录
		梅花鹿	*Cervus pseudaxis*	
	濒危（EN）	豺	*Cuon alpinus*	历史记录
		水獭	*Lutra lutra*	历史记录
		金钱豹	*Panthera pardus*	历史记录
		黑麂	*Muntiacus crinifrons*	
	易危（VU）	中华鬣羚	*Capricornis milneedwardsii*	
		中华斑羚	*Naemorhedus griseus*	
		小灵猫	*Viverricula indica*	历史记录
		豹猫	*Prionailurus bengalensis*	
		毛冠鹿	*Elaphodus cephalophus*	历史记录
		小麂	*Muntiacus reevesi*	
鸟类（7 种）	濒危（EN）	中华秋沙鸭	*Mergus squamatus*	
		东方白鹳	*Ciconia boyciana*	
	易危（VU）	白颈长尾雉	*Syrmaticus ellioti*	
		鸿雁	*Anser cygnoides*	
		小白额雁	*Anser erythropus*	
		林雕	*Ictinaetus malaiensis*	
		白腹隼雕	*Aquila fasciata*	
爬行类（18 种）	极危（CR）	扬子鳄	*Alligator sinensis*	历史记录
		平胸龟	*Platysternon megacephalum*	
		黄缘闭壳龟	*Cuora flavomarginata*	
	濒危（EN）	中华鳖	*Pelodiscus sinensis*	
		乌龟	*Mauremys reevesii*	
		脆蛇蜥	*Dopasia harti*	
		尖吻蝮	*Deinagkistrodon acutus*	
		银环蛇	*Bungarus multicinctus*	
		王锦蛇	*Elaphe carinata*	
		黑眉锦蛇	*Elaphe taeniura*	
	易危（VU）	中国水蛇	*Myrrophis chinensis*	
		铅色水蛇	*Hypsiscopus plumbea*	
		舟山眼镜蛇	*Naja atra*	
		中华珊瑚蛇	*Sinomicrurus macclellandi*	
		乌梢蛇	*Ptyas dhumnades*	
		玉斑锦蛇	*Euprepiophis mandarinus*	
		赤链华游蛇	*Trimerodytes annularis*	
		乌华游蛇	*Trimerodytes percarinatus*	
两栖类（4 种）	极危（CR）	安吉小鲵	*Hynobius amjiensis*	
	易危（VU）	九龙棘蛙	*Quasipaa jiulongensis*	
		棘胸蛙	*Quasipaa spinosa*	
		凹耳臭蛙	*Odorrana tormota*	
鱼类（1 种）	濒危（EN）	鳗鲡	*Anguilla japonica*	

9.6　浙江省重点保护野生动物

依据《浙江省重点保护陆生野生动物名录》,安吉县有浙江省重点保护野生动物 51
种,其中,兽类 5 种,鸟类 28 种,爬行类 6 种,两栖类 12 种(表 9-5)。

表 9-5　安吉县浙江省重点保护野生动物

类别	中文名	拉丁名
兽类(5 种)	中国豪猪	*Hystrix hodgsoni*
	黄腹鼬	*Mustela kathiah*
	黄鼬	*Mustela sibirica*
	果子狸	*Paguma larvata*
	食蟹獴	*Herpestes urva*
鸟类(28 种)	豆雁	*Anser fabalis*
	赤麻鸭	*Tadorna ferruginea*
	绿翅鸭	*Anas crecca*
	绿头鸭	*Anas platyrhynchos*
	斑嘴鸭	*Anas zonorhyncha*
	普通秋沙鸭	*Mergus merganser*
	凤头䴙䴘	*Podiceps cristatus*
	红翅凤头鹃	*Clamator coromandus*
	大鹰鹃	*Hierococcyx sparverioides*
	四声杜鹃	*Cuculus micropterus*
	大杜鹃	*Cuculus canorus*
	中杜鹃	*Cuculus saturatus*
	小杜鹃	*Cuculus poliocephalus*
	噪鹃	*Eudynamys scolopaceus*
	戴胜	*Upupa epops*
	三宝鸟	*Eurystomus orientalis*
	蚁䴕	*Jynx torquilla*
	斑姬啄木鸟	*Picumnus innominatus*
	星头啄木鸟	*Dendrocopos canicapillus*
	大斑啄木鸟	*Dendrocopos major*
	灰头绿啄木鸟	*Picus canus*
	黑枕黄鹂	*Oriolus chinensis*
	寿带	*Terpsiphone incei*
	虎纹伯劳	*Lanius tigrinus*
	牛头伯劳	*Lanius bucephalus*
	红尾伯劳	*Lanius cristatus*
	棕背伯劳	*Lanius schach*
	普通䴓	*Sitta europaea*

续表

类别	中文名	拉丁名
爬行类（6种）	宁波滑蜥	*Scincella modesta*
	尖吻蝮	*Deinagkistrodon acutus*
	舟山眼镜蛇	*Naja atra*
	玉斑锦蛇	*Euprepiophis mandarinus*
	王锦蛇	*Elaphe carinata*
	黑眉锦蛇	*Elaphe taeniura*
两栖类（12种）	东方蝾螈	*Cynops orientalis*
	秉志肥螈	*Pachytriton granulosus*
	中国雨蛙	*Hyla chinensis*
	三港雨蛙	*Hyla sanchiangensis*
	九龙棘蛙	*Quasipaa jiulongensis*
	棘胸蛙	*Quasipaa spinosa*
	天台粗皮蛙	*Glandirana tientaiensis*
	大绿臭蛙	*Odorrana graminea*
	天目臭蛙	*Odorrana tianmuii*
	凹耳臭蛙	*Odorrana tormota*
	斑腿泛树蛙	*Polypedates megacephalus*
	大树蛙	*Zhangixalus dennysi*

第 10 章　野生动物资源评价

加强生物多样性保护、科学调查和评估区域生物多样性动态及影响因素，是当前生物多样性保护的一项紧迫且重要的基础性工作，也是生态文明建设的重要内容。通过三年时间大量的野外调查，我们摸清了安吉县内野生动物的种类、数量、分布、栖息地状况，为野生动物资源评价和保护管理提供了科学依据。

10.1　生物多样性保护价值

安吉县野生动物资源丰富，保存众多濒危物种和狭域分布物种，具有非常高的生物多样性保护价值。安吉县内野生动物地理区系属于东洋界中印亚界的华中区东部丘陵平原亚区，在动物区系成分上，有大量东洋界动物种群，具有明显的东洋界特征。通过三年的野外调查，共记录野生脊椎动物472种，隶属38目126科，占全省野生脊椎动物总种数的48%，包括土著鱼类7目17科74种，两栖类2目9科27种，爬行类3目16科48种，鸟类18目63科256种，兽类8目21科67种。

安吉县内珍稀濒危野生动物众多，其中国家重点保护野生动物就有72种之多，包括国家一级重点保护野生动物白颈长尾雉、中华秋沙鸭、东方白鹳、穿山甲、小灵猫、梅花鹿、黑麂、扬子鳄、安吉小鲵等12种，国家二级重点保护野生动物猕猴、中华鬣羚、豹猫、灰鹤、小天鹅、白琵鹭、鸿雁、鸳鸯、蛇雕、林雕、鹰雕、黄嘴角鸮、雕鸮、白胸翡翠、黑冠鹃隼、赤腹鹰、平胸龟、黄缘闭壳龟等60种。

《IUCN红色名录》易危（VU）及以上物种25种，其中极危（CR）3种，濒危（EN）7种，易危（VU）15种。《中国生物多样性红色名录》易危（VU）及以上物种43种，其中极危（CR）7种，濒危（EN）14种，易危（VU）22种。

狭域分布物种方面，国家一级重点保护野生动物安吉小鲵全球仅在安吉龙王山千亩田、临安清凉峰和安徽清凉峰有分布记录，现有种群数量不足600尾。安吉县是国家一级重点保护野生动物黑麂、华南梅花鹿在天目山系重要的分布区。安吉赋石水库、老石坎水库是国家一级重点保护候鸟中华秋沙鸭在浙江省内最重要的越冬栖息地，单季越冬种群数量全省最多。

10.2　生境保护价值

安吉县全域格局以山地森林、湿地、河谷平原为主,山区地势连绵,海拔差悬殊(196.3～1587.4m),有中山、低山、丘陵等多种地貌,加上土壤、温度、水分、光照等各种生态因子在小尺度下有机结合,孕育并保存了丰富的植被类型,为野生动植物提供了多样且优良的生态栖息环境,从而为物种的保存提供了得天独厚的基础条件,庇护着华南梅花鹿、黑麂、中华鬣羚、中华穿山甲、白颈长尾雉、勺鸡等国家重点保护野生动物。

安吉县湿地类型多样,包括河流、洪泛平原、永久性淡水湖、库塘、农田等类型,是我国中华秋沙鸭、鸳鸯等珍稀候鸟的重要冬地之一。安吉县湿地生境分布的鸟类中,有国家一级重点保护动物中华秋沙鸭、东方白鹳,有国家二级重点保护动物小天鹅、鸿雁、白额雁、小白额雁、鸳鸯、灰鹤、白琵鹭等多种鸟类。安吉千亩田、赤豆垟等高山湿地区形成了特殊的小气候环境,为不同栖息类群的两栖类、爬行类动物提供了良好的栖息环境。高山湿地尽管区域面积不大,但物种多样性程度高,保存了像安吉小鲵、中国瘰螈等珍稀濒危的孑遗物种,在物种演化历史和生物地理学研究方面具有重要的价值。

10.3　受威胁现状

安吉县生态环境良好,野生动物多样性丰富,珍稀濒危物种众多,但从生态环境和野生动物保护的角度讲,也存在一些受威胁因素和亟待解决的问题。

10.3.1　竹林比重过大,林地结构有待优化

竹产业是浙江省安吉县传统优势产业,是该地区经济发展、富民增收的主导产业。但是,从野生动物保护的角度讲,安吉县竹林面积超百万亩,占林地面积半数以上,且经营强度大,生境异质性弱,不利于野生动物多样性的维护。大面积竹林虽然从景观角度看是连成一片且植被盖度高,但是内部没有多样生境的镶嵌。而多数野生动物在其生活周期中需要多种生境的转换,单一化生境使它们无法获得生活史不同阶段所需的异质性生境,从而影响物种的生存。

安吉县大面积竹林的分布使得野生动物适宜栖息地面积萎缩,影响种群的大小和繁衍速率。一方面,竹林生境的单一化改变了原来生境能够提供的食物的质和量,并通过改变温度与湿度来改变微气候,也改变了隐蔽物的效能和物种间的联系,因此增加了捕食率和种间竞争,放大了人类的影响;另一方面,被竹林切割的其他生境变得更加破碎,在不连续的片段中,残存面积的再分配影响物种散布和迁移的速率。

10.3.2　人为干扰的影响

安吉县利用得天独厚的区域优势、生态优势,大力发展生态旅游,取得很好的经济和社会效益。生态旅游是一把双刃剑,在提高人们的环境保护意识的同时,又容易对当地的自然生态系统造成不良的影响。

我们从野生动物的活动节律角度出发,分析了人类活动对野生动物的潜在影响。在安吉县野生动物调查所涉及的 208 个调查样区中,有 201 个样区均有人类出现,占安吉县总样区数的 96.6%。其中,人类活动强的网格有 66 个,人类活动中的网格有 72 个,人类活动弱的网格有 63 个(图 10-1)。除了人类活动的干扰外,红外相机丢失也是另外一种重要的人为干扰。在本次动物调查中,总共有 76 个点位的红外相机出现影像丢失情况,丢失的相机台数达 25 台,给野生动物的长期监测工作带来破坏。

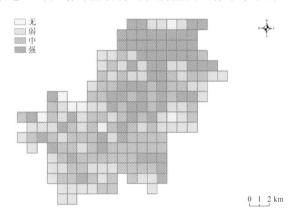

图 10-1 每个网格人类活动强度图

由于生态旅游的发展,安吉县的许多山林成为热门旅游路线。根据当地旅游情况调查,浙江安吉小鲵国家级自然保护区已禁止游客游览,但核心区违规游览人数居高不下。生态旅游对野生动物最直接的影响是干扰、损伤动物,以及改变动物个体行为(如取食时间减少,放弃现有生境,生理指标变化等),而这些影响将导致动物的数量、分布以及物种多样性的变化;人为干扰间接影响生境,如改变动物栖息空间结构,破坏其植被,环境污染以及外来种的引入等,这些影响可改变野生动物习性与迁移,或降低其繁殖力,并最终引起动物个体与种群动态变化。我们通过红外相机从时间和空间尺度分析人类活动对野生动物的影响,发现森林生境中,鹿科动物在旅游旺季活动频率显著降低,在旅游淡季行为次数逐渐增长,呈现一定的周期性,这说明人类活动增加会明显影响野生鹿科动物的行为。

野生动物对人类的警觉性特别强,无序的生态旅游会对山区动物活动造成影响。基于此,未来的生态旅游规划和开发要重视人类活动对野生动物的干扰,通过合理规划,避开珍稀野生动物敏感区,并加强人员管理,平衡野生动物保护与生态旅游发展的关系。

10.4 保护对策

10.4.1 开展野生动物栖息地改造

随着对野生动物栖息地质量提升的日益重视,未来需优化安吉的林地结构,控制竹林面积的增长,增加阔叶林植被的比重,科学有效配置林地资源,处理好生态建设与经济发展、长远利益与当前利益的关系,保障野生动物保护与社会经济可持续发展并重。

(1)加强对安吉县内低山、丘陵地段景观优美的马尾松林和阔叶林的保护,对生长不良、景观不美的低产马尾松林进行林相改造,补植阔叶树种,形成阔叶林或针阔叶混交林景观。在赋石、老石坎水库流域地区,开展阔叶林生态修复和水土保持,加强天然林保护,恢复阔叶林和针阔叶混交林;强化珍稀濒危野生动物的抢救性保护,重点对安吉小鲵、中华鬣羚等濒危物种实施专项保护工程;通过封山育林和退耕还林,提高生物多样性和增强生态服务功能。

(2)加强湿地生态系统保护。西苕溪流域在安吉县境内有众多水库和溪流,形成了大面积的湿地,是当地生物多样性丰富和生产力较高的生态系统,是众多野生动物的聚集地,特别是珍稀水禽鸟类的繁殖栖息和越冬地。建立赋石、老石坎、凤凰、天子岗和石冲等五大水库保护区,重点加强赋石水库保护区、老石坎水库保护区修复湿地建设。建议将西苕溪生态控制区河道水系及滩地列为湿地保护区,进行河道拓浚、局部外滩退田还河。

(3)大力发展阔叶林建设。阔叶林是浙江的地带性植物群落,由于其群落结构复杂、稳定性高,因而在涵养水源、调节气候、保护生物多样性、维护生态平衡、防灾减灾、国土保安、丰富森林景观等诸方面均具有较针叶林群落更强的生态功能和社会功能。由于历史的原因,安吉县目前山地森林植被以竹子和针叶林为主,森林植物种群结构单一、群落简单,森林生物多样性受到严峻考验。而全县的生态公益林同样存在树种比例严重失调、结构不合理的状况,亟待调整。因此,依托重点工程,选择重要区位的公益林作为突破口,通过人工造林、补植改造、封山育林等营造林措施,对现有公益林进行改造,巩固现有的绿化建设成果,实现阔叶林(包括以阔叶树为主的针阔叶混交林、竹木混交林)面积与占比的显著增加,使得阔叶林资源得到较大增加。

10.4.2　加强生态旅游的提质增效

科学规划、严格管理、环境教育是生态旅游提质增效的重要内容。

(1)通过科学的生态旅游规划,引导人类活动向非野生动物聚集区转移,在路线设计上规避珍稀野生动物集中分布的赖以生存的生境。

(2)通过严格管理,有效减少游客的干扰;建议提供可自行下载的电子地图,游客通过手机定位明确自身所在位置,若处于野生动物保护区,应立即自觉停止干扰行为并离开;在自然保护区的缓冲区和实验区,严禁旅游行为;减少人类活动的残留物,减少公共卫生隐患。

(3)引导社区居民改变落后的生产、生活方式,降低对自然资源的直接消耗。

(4)为社区群众发展生态类型农林生产提供技术支持,抓住美丽乡村建设机遇,培养有生态保护意识、懂技术的新型农民,基于当地优势,调整产业结构,减缓竹林面积发展,发展对野生动物栖息地影响小的绿色产业。

(5)建设社区共管共建示范村,把野生动物资源保护、森林资源保护和社区发展有机地结合起来,把安吉县建设成为人与自然和谐相处、野生动物栖息地保护与社区共同发展的样板。

10.4.3　采用综合措施,强化资源管护

安吉县与野生动物资源保护相关的各部门、各自然保护地管理单位应采取多种措施,加强资源保护。加强管护队伍的培训和管理,落实责任制度,实行严格的责任追究制度。严格巡护制度,规范林政执法,严格执法程序,维护资源安全。制止乱砍滥伐、乱捕滥猎、破坏生态环境等违法行为,保护野生动物资源及其栖息地。

10.4.4　开展科研监测,着力人才培养

针对安吉县野生动物保护长期监测的需要,应根据实际情况,适时引进专业人才,组建一支懂技术、肯钻研、能吃苦的科研队伍,积极开展包括野生动物资源在内的生物多样性监测工作。同时,扩大与有关科研单位、高等院校的合作交流,提高科研监测水平。把珍稀濒危物种及其栖息地保护、野猪等致害防控作为科研的主攻方向,尽快突破关键技术,为安吉县野生动物保护的科学管理提供依据。

10.4.5　引导全民参与,加强科普宣传

大力开展野生动物保护、环境保护及法律法规的宣传教育活动,提高全民生态保护意识。加强社区共管共建,以"乡规民约""保护公约"的形式,发动群众加入野生动物保护队伍中,进行群防群护,形成共同保护、相互监督、齐抓共管的局面。把安吉县野生动物保护事业的发展纳入当地国民经济发展计划中,促进野生动物资源保护与地方经济的协调发展、生态优势的转化,促进人与自然和谐共处。

参 考 文 献

[1] 安吉县地方志编纂委员会.安吉县志.杭州:浙江人民出版社,1994.

[2] 蔡波,王跃招,陈跃英,等.中国爬行纲动物分类厘定.生物多样性,2015,23(3):365-382.

[3] 蔡路昀,徐言朋,蒋萍萍,等.白颈长尾雉的活动区和日活动距离.浙江大学学报(理学版),2007,34(6):5.

[4] 陈琛,胡磊,陈照娟,等.大兴安岭南段马鹿日活动节律的季节变化研究.北京林业大学学报,2017,39(4):55-62.

[5] 陈立军,肖文宏,肖治术.物种相对多度指数在红外相机数据分析中的应用及局限.生物多样性,2019,27:243-248.

[6] 陈宜瑜,等,1998.中国动物志·硬骨鱼纲·鲤形目(中卷).北京:科学出版社.

[7] 费梁,等.中国动物志·两栖纲(下卷)·无尾目·蛙科.北京:科学出版社,2009.

[8] 费梁,胡淑琴,叶昌媛,等.中国动物志·两栖纲(上卷)·总论 蚓螈目 有尾目.北京:科学出版社,2006.

[9] 费梁,叶昌媛,胡淑琴,等.中国动物志·两栖纲(中卷)·无尾目.北京:科学出版社,2009.

[10] 费梁,叶昌媛,江建平.中国两栖动物及其分布彩色图鉴.成都:四川科学技术出版社,2012.

[11] 高耀亭,等.中国动物志·兽纲(第八卷)·食肉目.北京:科学出版社,1987.

[12] 国家林业和草原局,农业农村部.国家林业和草原局 农业农村部公告(2021 年第 3 号)(国家重点保护野生动物名录)[EB/OL].(2021-02-05)[2021-05-13].http://www.forestry.gov.cn/main/5461/20210205/122418860831352.html.

[13] 环境保护部,中国科学院.关于发布《中国生物多样性红色名录——脊椎动物卷》的公告[EB/OL].(2015-05-21)[2021-05-13].http://lyj.zj.gov.cn/art/2016/3/2/art_1275952_4795065.html.

[14] 蒋志刚,纪力强.鸟兽物种多样性测度的 G-F 指数方法.生物多样性,1999(3):61-66.

[15] 蒋志刚,江建平,王跃招,等.2016.中国脊椎动物红色名录.生物多样性,24(5):500-551.

［16］蒋志刚，刘少英，吴毅，等.中国哺乳动物多样性(第 2 版).生物多样性，2017，25：886-895.

［17］蒋志刚，马勇，吴毅，等.中国哺乳动物多样性及地理分布.北京：科学出版社，2015.

［18］乐佩琦，等，2000.中国动物志·硬骨鱼纲·鲤形目(下卷).北京：科学出版社.

［19］李晟，王大军，肖治术，等.红外相机技术在我国野生动物研究与保护中的应用与前景.生物多样性，2014，22：685-695.

［20］李晟.中国野生动物红外相机监测网络建设进展与展望.生物多样性，2020，28：1045-1048.

［21］刘少英，吴毅.中国兽类图鉴.福州：海峡书局，2019.

［22］刘雪华，武鹏峰，何祥博，等.红外相机技术在物种监测中的应用及数据挖掘.生物多样性，2018，26：850-861.

［23］曲利明.中国鸟类图鉴.福州：海峡书局，2014.

［24］盛和林.中国哺乳动物图鉴.郑州：河南科学技术出版社，2005.

［25］陶吉兴.浙江林业自然资源·野生动物卷.北京：中国农业科学出版社，2002.

［26］万雅琼，李佳琦，杨兴文，等.基于红外相机的中国哺乳动物多样性观测网络建设进展.生物多样性，2020，28：1115-1124.

［27］汪松，解焱.中国物种红色名录.北京：高等教育出版社，2004.

［28］王静轩.基于GPS追踪技术的小兴安岭南部野猪季节性家域及栖息地选择研究.哈尔滨：东北林业大学，2020.

［29］王岐山.安徽哈丽亚，戎可.斑块化生境中松鼠的秋冬季活动距离研究.安徽农业科学，2013，41(35)：13587-13589.

［30］肖文宏，束祖飞，陈立军，等.占域模型的原理及在野生动物红外相机研究中的应用案例.生物多样性，2019，27：249-256.

［31］肖治术，李欣海，姜广顺.红外相机技术在我国野生动物监测研究中的应用.生物多样性，2014，22：683-684.

［32］肖治术，李欣海，王学志，等.探讨我国森林野生动物红外相机监测规范.生物多样性，2014，22：704-711.

［33］肖治术.红外相机技术在我国自然保护地野生动物清查与评估中的应用.生物多样性，2019，27：235-236.

［34］约翰·马敬能，卡伦·菲利普斯，何芬奇.中国鸟类野外手册.湖南：湖南教育出版社，2000.

［35］张春光.中国内陆鱼类物种与分布.北京：科学出版社，2016.

［36］张孟闻，宗愉，马积藩.中国动物志·爬行纲(第一卷)·总论 龟鳖目 鳄形目.北京：科学出版社，1998.

［37］张荣祖.中国动物地理.北京：科学出版社，2011.

[38] 赵尔宓,黄美华,宗愉,等.中国动物志·爬行纲(第三卷)·有鳞目·蛇亚目.北京：科学出版社,1998.

[39] 赵尔宓,赵肯堂,周开亚,等.中国动物志·爬行纲(第二卷)·有鳞目·蜥蜴亚目.北京:科学出版社,1999.

[40] 赵尔宓.中国蛇类.合肥:安徽科学技术出版社,2006.

[41] 赵玉泽,王志臣,徐基良,等.利用红外照相技术分析野生白冠长尾雉活动节律及时间分配.生态学报,2013,33:6021-6027.

[42] 浙江动物志编辑委员会.浙江动物志·淡水鱼类.杭州:浙江科学技术出版社,1991.

[43] 浙江动物志编辑委员会.浙江动物志·两栖类 爬行类.杭州:浙江科学技术出版社,1990.

[44] 浙江动物志编辑委员会.浙江动物志·鸟类.杭州:浙江科学技术出版社,1990.

[45] 浙江动物志编辑委员会.浙江动物志·兽类.杭州:浙江科学技术出版社,1990.

[46] 浙江省人民政府办公厅.浙江省人民政府办公厅关于公布浙江省重点保护陆生野生动物名录的通知(浙政办发〔2016〕17 号)[EB/OL].(2016-03-02)[2021-05-13].http://lyj.zj.gov.cn/art/2016/3/2/art_1275952_4795065.html.

[47] 郑光美.中国鸟类分类与分布名录.3 版.北京:科学出版社,2017.

[48] 周开亚.中国动物志·兽纲(第九卷)·鲸目 食肉目 海豹总科 海牛目.北京:科学出版社,2004.

[49] 诸新洛,郑葆珊,戴定远,等,1999.中国动物志·硬骨鱼纲·鲇形目.北京:科学出版社.

[50] Ahumada J A，Silva C E，Gajapersad K，et al. Community structure and diversity of tropical forest mammals：Data from a global camera trap network. Philosophical Transactions of the Royal Society B：Biological Sciences,2011,366：2703-2711.

[51] Bailey L L，Simons T R，Pollock K H. Spatial and temporal variation in detection probability of Plethodon salamanders using the robust capture-recapture design. Journal of Wildlife Management,2004,68:14-24.

[52] Carbone C，Christie S，Conforti K，et al. The use of photographic rates to estimate densities of cryptic mammals：Response to Jennelle et al. Animal Conservation,2002,5:121-123.

[53] Chen M T，Tewes M E，Pei K J，et al. Activity patterns and habitat use of sympatric small carnivores in southern Taiwan. Mammalia,2009,73:20-26.

[54] DiBitetti M S，De Angelo C D，Di Blanco Y E，et al. Niche partitioning and species coexistence in a neotropical felid assemblage. Acta Oecologica,2010,36：403-412.

［55］ MacKenzie D I，Bailey L L，Nichols J D. Investigating species co-occurrence patterns when species are detected imperfectly. Journal of Animal Ecology，2004，73：546-555.

［56］ MacKenzie D I，Nichols J D，Lachman G B，et al. Estimating site occupancy rates when detection probabilities are less than one. Ecology，2002，83：2248-2255.

［57］ McShea W J，申小莉，刘芳，等. 中国的野生动物红外相机监测需要统一的标准. 生物多样性，2020，28：1125-1131.

［58］ Oliveira-Santos L G R，Zucco C A，Agostinelli C. Using conditional circular kernel density functions to test hypotheses on animal circadian activity. Animal Behaviour，2013，85：269-280.

［59］ Ridout M S，Linkie M. Estimating overlap of daily activity patterns from camera trap data. Journal of Agricultural，Biological and Environmental Statistics，2009，14：322-337.

［60］ Rowcliffe J M，Field J，Turvey S T，et al. Estimating animal density using camera traps without the need for individual recognition. Journal of Applied Ecology，2008，45：1228-1236.

［61］ Scotson L，Johnston L R，Iannarilli F，et al. Best practices and software for the management and sharing of camera trap data for small and large scales studies. Remote Sensing in Ecology and Conservation，2017，3：158-172.

［62］ Smith A T，解焱. 中国兽类野外手册. 长沙：湖南教育出版社，2009.

［63］ The IUCN Red List of Threatened Species. Version 2019-2［EB/OL］. ［2021-05-13］. https：//www. iucnredlist. org.

附录 安吉县野生动物脊椎动物名录
（2021 年版）

附录 1 哺乳纲（兽类）MAMMALIA（67 种，分属 8 目 21 科 51 属）

目、科、种	保护级别	中国特有种	《中国生物多样性红色名录》	《IUCN红色名录》	地理区系
一、劳亚食虫目 EULIPOTYPHLA					
（一）刺猬科 Erinaceidae					
1. 东北刺猬 *Erinaceus amurensis*	省一般		LC	LC	Pa
（二）鼩鼱科 Soricidae					
2. 臭鼩 *Suncus murinus*			LC	LC	O
3. 大麝鼩 *Crocidura dracula*			NT	LC	O
4. 山东小麝鼩 *Crocidura shantungensis*			LC	LC	Pa
5. 鼩鼱未定种 Unidentified shrew					
二、灵长目 PRIMATES					
（三）猴科 Cercopithecidae					
6. 猕猴 *Macaca mulatta*	国家二级		LC	LC	O
三、鳞甲目 PHOLIDOTA					
（四）鲮鲤科 Manidae					
7. 穿山甲 *Manis pentadactyla*	国家一级		CR	CR	O
四、兔形目 LAGOMORPHA					
（五）兔科 Leporidae					
8. 华南兔 *Lepus sinensis*	省一般		LC	LC	O
五、啮齿目 RODENTIA					
（六）松鼠科 Sciuridae					
9. 赤腹松鼠 *Callosciurus erythraeus*	省一般		LC	LC	O
10. 倭花鼠 *Tamiops maritimus*	省一般		LC	LC	O
11. 珀氏长吻松鼠 *Dremomys pernyi*	省一般		LC	LC	O
（七）仓鼠科 Cricetidae					
12. 黑腹绒鼠 *Eothenomys melanogaster*			LC	LC	O
13. 东方田鼠 *Microtus fortis*			LC	LC	Pa

续表

目、科、种	保护级别	中国特有种	《中国生物多样性红色名录》	《IUCN红色名录》	地理区系
（八）鼹形鼠科 Spalacidae					
14. 中华竹鼠 *Rhizomys sinensis*	省一般		LC	LC	O
（九）鼠科 Muridae					
15. 黑线姬鼠 *Apodemus agrarius*			LC	LC	Pa
16. 中华姬鼠 *Apodemus draco*			LC	LC	O
17. 青毛巨鼠 *Berylmys bowersi*			LC	LC	O
18. 白腹巨鼠 *Leopoldamys edwardsi*			LC	LC	O
19. 巢鼠 *Micromys minutus*			LC	LC	O
20. 小家鼠 *Mus musculus*			LC	LC	Pa
21. 北社鼠 *Niviventer confucianus*			LC	LC	O
22. 针毛鼠 *Niviventer fulvescens*			LC	LC	O
23. 黄毛鼠 *Rattus losea*			LC	LC	O
24. 大足鼠 *Rattus nitidus*			LC	LC	O
25. 褐家鼠 *Rattus norvegicus*			LC	LC	Pa
26. 黄胸鼠 *Rattus tanezunmi*			LC	LC	O
（十）豪猪科 Hystricidae					
27. 中国豪猪 *Hystrix hodgsoni*	省重点		LC	LC	O
六、食肉目 CARNIVORA					
（十一）犬科 Canidae					
28. 狼 *Canis lupus*	国家二级		NT	LC	Pa
29. 豺 *Cuon alpinus*	国家一级		EN	EN	Pa
30. 貉 *Nyctereutes procyonoides*	国家二级		NT	LC	Pa
31. 赤狐 *Vulpes vulpes*	国家二级		NT	LC	Pa
（十二）鼬科 Mustelidae					
32. 猪獾 *Arctonyx collaris*	省一般		NT	NT	O
33. 水獭 *Lutra lutra*	国家二级		EN	NT	O
34. 黄喉貂 *Martes flavigula*	国家二级		NT	LC	Pa
35. 狗獾 *Meles leucurus*	省一般		NT	LC	Pa
36. 鼬獾 *Melogale moschata*	省一般		NT	LC	O
37. 黄腹鼬 *Mustela kathiah*	省重点		NT	LC	O
38. 黄鼬 *Mustela sibirica*	省重点		LC	LC	Pa
（十三）灵猫科 Viverridae					
39. 果子狸 *Paguma larvata*	省重点		NT	LC	O
40. 小灵猫 *Viverricula indica*	国家一级		VU	LC	O
（十四）獴科 Herpestidae					
41. 食蟹獴 *Herpestes urva*	省重点		NT	LC	O
（十五）猫科 Felidae					
42. 云豹 *Neofelis nebulosa*	国家一级		CR	VU	O

续表

目、科、种	保护级别	中国特有种	《中国生物多样性红色名录》	《IUCN红色名录》	地理区系
43. 金钱豹 *Panthera pardus*	国家一级		EN	VU	O
44. 豹猫 *Prionailurus bengalensis*	国家二级		VU	LC	O
七、偶蹄目 ARTIODACTYLA					
（十六）猪科 Suidae					
45. 野猪 *Sus scrofa*	省一般		LC	LC	Pa
（十七）鹿科 Cervidae					
46. 梅花鹿 *Cervus pseudaxis*	国家一级		CR	LC	Pa
47. 毛冠鹿 *Elaphodus cephalophus*	国家二级		VU	NT	O
48. 黑麂 *Muntiacus crinifrons*	国家一级	√	EN	VU	O
49. 小麂 *Muntiacus reevesi*	省一般	√	VU	LC	O
（十八）牛科 Bovidae					
50. 中华鬣羚 *Capricornis milneedwardsii*	国家二级		VU	NT	O
51. 中华斑羚 *Naemorhedus griseus*	国家二级		VU	VU	O
八、翼手目 CHIROPTERA					
（十九）菊头蝠科 Rhinolophidae					
52. 中菊头蝠 *Rhinolophus affinis*	省一般		LC	LC	O
53. 大菊头蝠 *Rhinolophus luctus*	省一般		NT	LC	O
54. 皮氏菊头蝠 *Rhinolophus pearsoni*	省一般		LC	LC	O
55. 小菊头蝠 *Rhinolophus pusillus*	省一般		LC	LC	O
56. 中华菊头蝠 *Rhinolophus sinicus*	省一般		LC	LC	O
（二十）蹄蝠科 Hipposideridae					
67. 大蹄蝠 *Hipposideros armiger*	省一般		LC	LC	O
58. 普氏蹄蝠 *Hipposideros pratti*	省一般		NT	LC	O
（二十一）蝙蝠科 Vespertilionidae					
59. 大棕蝠 *Eptesicus serotinus*	省一般		LC	LC	O
60. 亚洲长翼蝠 *Miniopterus fuliginosus*	省一般		NT	LC	O
61. 中管鼻蝠 *Murina huttoni*	省一般		LC	LC	O
62. 中华鼠耳蝠 *Myotis chinensis*	省一般		NT	LC	O
63. 大卫鼠耳蝠 *Myotis davidii*	省一般	√	LC	LC	Pa
64. 华南水鼠耳蝠 *Myotis laniger*	省一般		LC	LC	Pa
65. 中华山蝠 *Nyctalus plancyi*	省一般	√	LC	LC	Pa
66. 东亚伏翼 *Pipistrellus abramus*	省一般		LC	LC	O
67. 斑蝠 *Scotomanes ornatus*	省一般		LC	LC	O

注：①《中国生物多样性红色名录》和《IUCN红色名录》中，"CR"表示极危；"EN"濒危；"VU"表示易危；"NT"表示近危；"LC"表示无危；"DD"表示数据缺乏。

②地理分布中，"O"表示东洋界分布；"Pa"表示古北界分布。

附录 2　鸟纲 AVES(256 种,分属 18 目 63 科 161 属)

目、科、种	保护级别	居留类型	《中国生物多样性红色名录》	《IUCN红色名录》	地理区系
一、鸡形目 GALLIFORMES					
(一)雉科 Phasianidae					
1. 鹌鹑 *Coturnix japonica*		W	LC	NT	Pa
2. 灰胸竹鸡 *Bambusicola thoracica*		R	LC	LC	O
3. 勺鸡 *Pucrasia macrolopha*	国家二级	R	LC	LC	O
4. 白鹇 *Lophura nycthemera*	国家二级	R	LC	LC	O
5. 白颈长尾雉 *Syrmaticus ellioti*	国家一级	R	VU	NT	O
6. 环颈雉 *Phasianus colchicus*		R	LC	LC	广布
二、雁形目 ANSERIFORMES					
(二)鸭科 Anatidae					
7. 小天鹅 *Cygnus columbianus*	国家二级	W	NT	LC	Pa
8. 鸿雁 *Anser cygnoides*	国家二级	W	VU	VU	Pa
9. 豆雁 *Anser fabalis*	省重点	W	LC	LC	Pa
10. 白额雁 *Anser albifrons*	国家二级	W	LC	LC	Pa
11. 小白额雁 *Anser erythropus*	国家二级	W	VU	VU	Pa
12. 赤麻鸭 *Tadorna ferruginea*	省重点	W	LC	LC	Pa
13. 鸳鸯 *Aix galericulata*	国家二级	W	NT	LC	Pa
14. 绿翅鸭 *Anas crecca*	省重点	W	LC	LC	Pa
15. 绿头鸭 *Anas platyrhynchos*	省重点	W	LC	LC	Pa
16. 斑嘴鸭 *Anas zonorhyncha*	省重点	W	LC	LC	Pa
17. 普通秋沙鸭 *Mergus merganser*	省重点	W	LC	LC	Pa
18. 中华秋沙鸭 *Mergus squamatus*	国家一级	W	EN	EN	Pa
三、䴙䴘目 PODICIPEDIFORMES					
(三)䴙䴘科 Podicipedidae					
19. 小䴙䴘 *Tachybaptus ruficollis*		R	LC	LC	广布
20. 凤头䴙䴘 *Podiceps cristatus*	省重点	W	LC	LC	Pa
四、鸽形目 COLUMBIFORMES					
(四)鸠鸽科 Columbidae					
21. 山斑鸠 *Streptopelia orientalis*		R	LC	LC	O
22. 灰斑鸠 *Streptopelia decaocto*		R	LC	LC	O
23. 珠颈斑鸠 *Streptopelia chinensis*		R	LC	LC	O
五、夜鹰目 CAPRIMULGIFORMES					
(五)夜鹰科 Caprimulgidae					
24. 普通夜鹰 *Caprimulgus indicus*		S	LC	LC	O
(六)雨燕科 Apodidae					
25. 白腰雨燕 *Apus pacificus*		S	LC	LC	O

续表

目、科、种	保护级别	居留类型	《中国生物多样性红色名录》	《IUCN红色名录》	地理区系
六、鹃形目 CUCULIFORMES					
（七）杜鹃科 Cuculidae					
26. 红翅凤头鹃 *Clamator coromandus*	省重点	S	LC	LC	O
27. 大鹰鹃 *Hierococcyx sparverioides*	省重点	S	LC	LC	O
28. 四声杜鹃 *Cuculus micropterus*	省重点	S	LC	LC	O
29. 大杜鹃 *Cuculus canorus*	省重点	S	LC	LC	O
30. 中杜鹃 *Cuculus saturatus*	省重点	S	LC	LC	O
31. 小杜鹃 *Cuculus poliocephalus*	省重点	S	LC	LC	O
32. 噪鹃 *Eudynamys scolopaceus*	省重点	S	LC	LC	O
33. 小鸦鹃 *Centropus bengalensis*	国家二级	R	LC	LC	O
七、鹤形目 GRUIFORMES					
（八）秧鸡科 Rallidae					
34. 普通秧鸡 *Rallus indicus*		W	LC	LC	Pa
35. 白胸苦恶鸟 *Amaurornis phoenicurus*		R	LC	LC	O
36. 红脚田鸡 *Zapornia akool*		R	LC	LC	O
37. 董鸡 *Gallicrex cinerea*		S	LC	LC	O
38. 黑水鸡 *Gallinula chloropus*		R	LC	LC	O
39. 白骨顶 *Fulica atra*		W	LC	LC	Pa
（九）鹤科 Gruidae					
40. 灰鹤 *Grus grus*	国家二级	W	NT	LC	Pa
八、鸻形目 CHARADRIIFORMES					
（十）反嘴鹬科 Recurvirostridae					
41. 黑翅长脚鹬 *Himantopus himantopus*		P	LC	LC	Pa
（十一）鸻科 Charadriidae					
42. 凤头麦鸡 *Vanellus vanellus*		W	LC	NT	Pa
43. 灰头麦鸡 *Vanellus cinereus*		W	LC	LC	Pa
44. 长嘴剑鸻 *Charadrius placidus*		W	NT	LC	Pa
45. 金眶鸻 *Charadrius dubius*		P	LC	LC	Pa
46. 环颈鸻 *Charadrius alexandrinus*		W	LC	LC	Pa
（十二）彩鹬科 Rostratulidae					
47. 彩鹬 *Rostratula benghalensis*		R	LC	LC	O
（十三）鹬科 Scolopacidae					
48. 丘鹬 *Scolopax rusticola*		W	LC	LC	Pa
49. 针尾沙锥 *Gallinago stenura*		P	LC	LC	Pa
50. 扇尾沙锥 *Gallinago gallinago*		W	LC	LC	Pa
51. 鹤鹬 *Tringa erythropus*		W	LC	LC	Pa
52. 青脚鹬 *Tringa nebularia*		W	LC	LC	Pa
53. 白腰草鹬 *Tringa ochropus*		W	LC	LC	Pa
54. 林鹬 *Tringa glareola*		P	LC	LC	Pa

续表

目、科、种	保护级别	居留类型	《中国生物多样性红色名录》	《IUCN红色名录》	地理区系
55. 矶鹬 *Actitis hypoleucos*		W	LC	LC	Pa
56. 红颈滨鹬 *Calidris ruficollis*		P	LC	NT	Pa
57. 黑腹滨鹬 *Calidris alpina*		P	LC	LC	Pa
(十四)鸥科 Laridae					
58. 小黑背银鸥 *Larus fuscus*		W	LC	LC	Pa
59. 红嘴鸥 *Chroicocephalus ridibundus*		W	LC	LC	Pa
60. 灰翅浮鸥 *Chlidonias hybrida*		R	LC	LC	Pa
61. 白翅浮鸥 *Chlidonias leucopterus*		W	LC	LC	Pa
九、鹳形目 CICONIIFORMES					
(十五)鹳科 Ciconiidae					
62. 东方白鹳 *Ciconia boyciana*	国家一级	W	EN	EN	Pa
十、鲣鸟目 SULIFORMES					
(十六)鸬鹚科 Phalacrocoracidae					
63. 普通鸬鹚 *Phalacrocorax carbo*		W	LC	LC	广布
十一、鹈形目 PELECANIFORMES					
(十七)鹮科 Threskiornithidae					
64. 白琵鹭 *Platalea leucorodia*	国家二级	W	NT	LC	Pa
(十八)鹭科 Ardeidae					
65. 苍鹭 *Ardea cinerea*		R	LC	LC	广布
66. 大白鹭 *Ardea alba*		S	LC	LC	O
67. 中白鹭 *Ardea intermedia*		S	LC	LC	O
68. 白鹭 *Egretta garzetta*		R	LC	LC	O
69. 牛背鹭 *Bubulcus ibis*		S	LC	LC	O
70. 池鹭 *Ardeola bacchus*		R	LC	LC	O
71. 夜鹭 *Nycticorax nycticorax*		R	LC	LC	O
72. 黄斑苇鳽 *Ixobrychus sinensis*		S	LC	LC	O
73. 黑苇鳽 *Dupetor flavicollis*		S	LC	LC	O
十二、鹰形目 ACCIPITRIFORMES					
(十九)鹗科 Pandionidae					
74. 鹗 *Pandion haliaetus*	国家二级	R	NT	LC	O
(二十)鹰科 Accipitridae					
75. 黑冠鹃隼 *Aviceda leuphotes*	国家二级	S	LC	LC	O
76. 凤头蜂鹰 *Pernis ptilorhynchus*	国家二级	P	NT	LC	O
77. 黑翅鸢 *Elanus caeruleus*	国家二级	R	NT	LC	O
78. 黑鸢 *Milvus migrans*	国家二级	R	LC	LC	Pa
79. 蛇雕 *Spilornis cheela*	国家二级	R	NT	LC	O
80. 凤头鹰 *Accipiter trivirgatus*	国家二级	R	NT	LC	O
81. 赤腹鹰 *Accipiter soloensis*	国家二级	S	LC	LC	O
82. 日本松雀鹰 *Accipiter gularis*	国家二级	W	LC	LC	Pa

续表

目、科、种	保护级别	居留类型	《中国生物多样性红色名录》	《IUCN红色名录》	地理区系
83. 松雀鹰 *Accipiter virgatus*	国家二级	R	LC	LC	O
84. 雀鹰 *Accipiter nisus*	国家二级	W	LC	LC	Pa
85. 苍鹰 *Accipiter gentilis*	国家二级	W	NT	LC	Pa
86. 灰脸鵟鹰 *Butastur indicus*	国家二级	W	NT	LC	Pa
87. 普通鵟 *Buteo japonicus*	国家二级	W	LC	LC	Pa
88. 林雕 *Ictinaetus malaiensis*	国家二级	R	VU	LC	O
89. 白腹隼雕 *Aquila fasciata*	国家二级	R	VU	LC	O
90. 鹰雕 *Nisaetus nipalensis*	国家二级	R	NT	LC	O
十三、鸮形目 STRIGIFORME					
（二十一）鸱鸮科 Strigidae					
91. 领角鸮 *Otus lettia*	国家二级	R	LC	LC	O
92. 红角鸮 *Otus sunia*	国家二级	R	LC	LC	O
93. 黄嘴角鸮 *Otus spilocephalus*	国家二级	R	NT	LC	O
94. 雕鸮 *Bubo bubo*	国家二级	R	NT	LC	O
95. 领鸺鹠 *Glaucidium brodiei*	国家二级	R	LC	LC	O
96. 斑头鸺鹠 *Glaucidium cuculoides*	国家二级	R	LC	LC	O
97. 日本鹰鸮 *Ninox japonica*	国家二级	W	DD	LC	O
十四、犀鸟目 BUCEROTIFORMES					
（二十二）戴胜科 Upupidae					
98. 戴胜 *Upupa epops*	省重点	R	LC	LC	O
十五、佛法僧目 CORACIIFORMES					
（二十三）佛法僧科 Coraciidae					
99. 三宝鸟 *Eurystomus orientalis*	省重点	S	LC	LC	O
（二十四）翠鸟科 Alcedinidae					
100. 普通翠鸟 *Alcedo atthis*		R	LC	LC	O
101. 白胸翡翠 *Halcyon smyrnensis*	国家二级	R	LC	LC	O
102. 蓝翡翠 *Halcyon pileata*		S	LC	LC	O
103. 冠鱼狗 *Megaceryle lugubris*		R	LC	LC	O
104. 斑鱼狗 *Ceryle rudis*		R	LC	LC	O
十六、啄木鸟目 PICFORMES					
（二十五）拟啄木鸟科 Capitonidae					
105. 大拟啄木鸟 *Psilopogon virens*		R	LC	LC	O
106. 黑眉拟啄木鸟 *Psilopogon faber*		R	LC	LC	O
（二十六）啄木鸟科 Picidae					
107. 蚁䴕 *Jynx torquilla*	省重点	W	LC	LC	Pa
108. 斑姬啄木鸟 *Picumnus innominatus*	省重点	R	LC	LC	O
109. 星头啄木鸟 *Dendrocopos canicapillus*	省重点	R	LC	LC	O
110. 大斑啄木鸟 *Dendrocopos major*	省重点	R	LC	LC	O
111. 灰头绿啄木鸟 *Picus canus*	省重点	R	LC	LC	O

目、科、种	保护级别	居留类型	《中国生物多样性红色名录》	《IUCN红色名录》	地理区系
十七、隼形目 FALCONIFORMES					
（二十七）隼科 Falconidae					
112. 红隼 *Falco tinnunculus*	国家二级	R	LC	LC	O
113. 游隼 *Falco peregrinus*	国家二级	W	NT	LC	Pa
十八、雀形目 PASSERIFORMES					
（二十八）黄鹂科 Oriolidae					
114. 黑枕黄鹂 *Oriolus chinensis*	省重点	S	LC	LC	O
（二十九）莺雀科 Vireondiae					
115. 淡绿鵙鹛 *Pteruthius xanthochlorus*		R	NT	LC	O
（三十）山椒鸟科 Campephagidae					
116. 暗灰鹃鵙 *Lalage melaschistos*		S	LC	LC	O
117. 小灰山椒鸟 *Pericrocotus cantonensis*		S	LC	LC	O
118. 灰喉山椒鸟 *Pericrocotus solaris*		R	LC	LC	O
（三十一）卷尾科 Dicruridae					
119. 黑卷尾 *Dicrurus macrocercus*		S	LC	LC	O
120. 灰卷尾 *Dicrurus leucophaeus*		S	LC	LC	O
121. 发冠卷尾 *Dicrurus hottentottus*		S	LC	LC	O
（三十二）王鹟科 Monarvhidae					
122. 紫寿带 *Terpsiphone atrocaudata*		P	NT	NT	O
123. 寿带 *Terpsiphone incei*	省重点	S	NT	LC	O
（三十三）伯劳科 Laniidae					
124. 虎纹伯劳 *Lanius tigrinus*	省重点	S	LC	LC	Pa
125. 牛头伯劳 *Lanius bucephalus*	省重点	W	LC	LC	Pa
126. 红尾伯劳 *Lanius cristatus*	省重点	S	LC	LC	Pa
127. 棕背伯劳 *Lanius schach*	省重点	R	LC	LC	O
（三十四）鸦科 Corvidae					
128. 松鸦 *Garrulus glandarius*		R	LC	LC	Pa
129. 灰喜鹊 *Cyanopica cyanus*		R	LC	LC	Pa
130. 红嘴蓝鹊 *Urocissaerythroryncha*		R	LC	LC	O
131. 灰树鹊 *Dendrocitta formosae*		R	LC	LC	O
132. 喜鹊 *Pica pica*		R	LC	LC	Pa
133. 秃鼻乌鸦 *Corvus frugilegus*		R	LC	LC	Pa
134. 小嘴乌鸦 *Corvus corone*		W	LC	LC	广布
135. 大嘴乌鸦 *Corvus macrorhynchos*		R	LC	LC	O
136. 白颈鸦 *Corvus pectoralis*		R	NT	VU	O
（三十五）山雀科 Paridae					
137. 黄腹山雀 *Pardaliparus venustulus*		R	LC	LC	O
138. 大山雀 *Parus cinereus*		R	LC	LC	O
（三十六）百灵科 Alaudidae					
139. 云雀 *Alauda arvensis*	国家二级	W	LC	LC	Pa

续表

目、科、种	保护级别	居留类型	《中国生物多样性红色名录》	《IUCN红色名录》	地理区系
140. 小云雀 *Alauda gulgula*		R	LC	LC	O
（三十七）扇尾莺科 Cisticolidae					
141. 棕扇尾莺 *Cisticola juncidis*		R	LC	LC	O
142. 纯色山鹪莺 *Prinia inornata*		R	LC	LC	O
（三十八）苇莺科 Acrocephalidae					
143. 东方大苇莺 *Acrocephalus orientalis*		S	LC	LC	Pa
（三十九）鳞胸鹪鹛科 Pnoepygidae					
144. 小鳞胸鹪鹛 *Pnoepyga pusilla*		R	LC	LC	O
（四十）蝗莺科 Locustellidae					
145. 矛斑蝗莺 *Locustella lanceolata*		P	NT	LC	Pa
146. 小蝗莺 *Locustella certhiola*		P	LC	LC	Pa
（四十一）燕科 Hirundinidae					
147. 家燕 *Hirundo rustica*		S	LC	LC	O
148. 金腰燕 *Cecropis daurica*		S	LC	LC	O
149. 烟腹毛脚燕 *Delichon dasypus*		R	LC	LC	Pa
（四十二）鹎科 Pycnonntidae					
150. 领雀嘴鹎 *Spizixos semitorques*		R	LC	LC	O
151. 黄臀鹎 *Pycnonotus xanthorrhous*		R	LC	LC	O
152. 白头鹎 *Pycnonotus sinensis*		R	LC	LC	O
153. 栗背短脚鹎 *Hemixos castanonotus*		R	LC	LC	O
154. 绿翅短脚鹎 *Ixos mcclellandii*		R	LC	LC	O
155. 黑短脚鹎 *Hypsipetes leucocephalus*		R	LC	LC	O
（四十三）柳莺科 Phylloscopidae					
156. 褐柳莺 *Phylloscopus fuscatus*		P	LC	LC	Pa
157. 黄腰柳莺 *Phylloscopus proregulus*		W	LC	LC	Pa
158. 黄眉柳莺 *Phylloscopus inornatus*		W	LC	LC	Pa
159. 极北柳莺 *Phylloscopus borealis*		W	LC	LC	Pa
160. 冕柳莺 *Phylloscopus coronatus*		P	LC	LC	O
161. 华南冠纹柳莺 *Phylloscopus goodsoni*		R	LC	LC	O
162. 栗头鹟莺 *Seicercus castaniceps*		S	LC	LC	O
（四十四）树莺科 Cettiidae					
163. 鳞头树莺 *Urosphena squameiceps*		P	LC	LC	Pa
164. 远东树莺 *Horornis canturians*		W	LC	LC	O
165. 强脚树莺 *Horornis fortipes*		R	LC	LC	O
166. 棕脸鹟莺 *Abroscopus albogularis*		R	LC	LC	O
（四十五）长尾山雀科 Aegithalidae					
167. 银喉长尾山雀 *Aegithalos glaucogularis*		R	LC	LC	Pa
168. 红头长尾山雀 *Aegithalos concinnus*		R	LC	LC	O
（四十六）莺鹛科 Sylviidae					
169. 灰头鸦雀 *Psittiparus gularis*		R	LC	LC	O

续表

目、科、种	保护级别	居留类型	《中国生物多样性红色名录》	《IUCN红色名录》	地理区系
170. 棕头鸦雀 *Sinosuthora webbiana*		R	LC	LC	O
171. 短尾鸦雀 *Neosuthora davidiana*	国家二级	R	NT	LC	O
(四十七)绣眼鸟科 Zosteropidae					
172. 暗绿绣眼鸟 *Zosterops japonicus*		R	LC	LC	O
173. 栗耳凤鹛 *Yuhina castaniceps*		R	LC	LC	O
(四十八)林鹛科 Timaliidae					
174. 华南斑胸钩嘴鹛 *Erythrogenys swinhoei*		R	LC	LC	O
175. 棕颈钩嘴鹛 *Pomatorhinus ruficollis*		R	LC	LC	O
176. 红头穗鹛 *Cyanoderma ruficeps*		R	LC	LC	O
(四十九)幽鹛科 Pellorneidae					
177. 灰眶雀鹛 *Alcippe morrisonia*		R	LC	LC	O
(五十)噪鹛科 Leiothrichidae					
178. 黑脸噪鹛 *Garrulax perspicillatus*		R	LC	LC	O
179. 小黑领噪鹛 *Garrulax monileger*		R	LC	LC	O
180. 黑领噪鹛 *Garrulax pectoralis*		R	LC	LC	O
181. 灰翅噪鹛 *Garrulax cineraceus*		R	LC	LC	O
182. 棕噪鹛 *Garrulax poecilorhynchus*	国家二级	R	LC	LC	O
183. 画眉 *Garrulax canorus*	国家二级	R	NT	LC	O
184. 白颊噪鹛 *Garrulax sannio*		R	LC	LC	O
185. 红嘴相思鸟 *Leiothrix lutea*	国家二级	R	LC	LC	O
(五十一)䴓科 Sittidae					
186. 普通䴓 *Sitta europaea*	省重点	R	LC	LC	Pa
(五十二)河乌科 Cinclidae					
187. 褐河乌 *Cinclus pallasii*		R	LC	LC	O
(五十三)椋鸟科 Sturnidae					
188. 八哥 *Acridotheres cristatellus*		R	LC	LC	O
189. 丝光椋鸟 *Spodiopsar sericeus*		R	LC	LC	O
190. 灰椋鸟 *Spodiopsar cineraceus*		W	LC	LC	Pa
(五十四)鸫科 Turdidae					
191. 橙头地鸫 *Geokichla citrina*		S	LC	LC	O
192. 白眉地鸫 *Geokichla sibirica*		P	LC	LC	Pa
193. 虎斑地鸫 *Zoothera aurea*		W	LC	LC	Pa
194. 灰背鸫 *Turdus hortulorum*		W	LC	LC	Pa
195. 乌鸫 *Turdus mandarinus*		R	LC	LC	O
196. 白眉鸫 *Turdus obscurus*		P	LC	LC	Pa
197. 白腹鸫 *Turdus pallidus*		W	LC	LC	Pa
198. 红尾斑鸫 *Turdus naumanni*		W	LC	LC	Pa
199. 斑鸫 *Turdus eunomus*		W	LC	LC	Pa
(五十五)鹟科 Muscicapidae					
200. 红尾歌鸲 *Larvivora sibilans*		P	LC	LC	Pa

续表

目、科、种	保护级别	居留类型	《中国生物多样性红色名录》	《IUCN红色名录》	地理区系
201.北红尾鸲 *Phoenicurus auroreus*		W	LC	LC	Pa
202.红尾水鸲 *Rhyacornis fuliginosa*		R	LC	LC	O
203.红喉歌鸲 *Calliope calliope*	国家二级	P	LC	LC	Pa
204.蓝歌鸲 *Larvivora cyane*		P	LC	LC	Pa
205.红胁蓝尾鸲 *Tarsiger cyanurus*		W	LC	LC	Pa
206.鹊鸲 *Copsychus saularis*		R	LC	LC	O
207.小燕尾 *Enicurus scouleri*		R	LC	LC	O
208.灰背燕尾 *Enicurus schistaceus*		R	LC	LC	O
209.白额燕尾 *Enicurus leschenaulti*		R	LC	LC	O
210.黑喉石䳭 *Saxicola maurus*		W	LC	LC	Pa
211.灰林䳭 *Saxicola ferreus*		R	LC	LC	O
212.栗腹矶鸫 *Monticola rufiventris*		R	LC	LC	O
213.蓝矶鸫 *Monticola solitarius*		R	LC	LC	O
214.紫啸鸫 *Myophonus caeruleus*		R	LC	LC	O
215.灰纹鹟 *Muscicapa griseisticta*		P	LC	LC	Pa
216.乌鹟 *Muscicapa sibirica*		P	LC	LC	Pa
217.北灰鹟 *Muscicapa dauurica*		P	LC	LC	Pa
218.白眉姬鹟 *Ficedula zanthopygia*		P	LC	LC	Pa
219.黄眉姬鹟 *Ficedula narcissina*		P	LC	LC	O
220.鸲姬鹟 *Ficedula mugimaki*		P	LC	LC	Pa
221.白腹蓝鹟 *Cyanoptila cyanomelana*		P	LC	LC	Pa
222.铜蓝鹟 *Eumyias thalassinus*		S	LC	LC	O
（五十六）太平鸟科 Bombycillidae					
223.太平鸟 *Bombycilla garrulus*		W	LC	LC	Pa
224.小太平鸟 *Bombycilla japonica*		W	LC	NT	Pa
（五十七）丽星鹩鹛科 Elachuridae					
225.丽星鹩鹛 *Elachura formosa*		R	NT	LC	O
（五十八）叶鹎科 Chloropseidae					
226.橙腹叶鹎 *Chloropsis hardwickii*		R	LC	LC	O
（五十九）梅花雀科 Estrildidae					
227.白腰文鸟 *Lonchura striata*		R	LC	LC	O
228.斑文鸟 *Lonchura punctulata*		R	LC	LC	O
（六十）雀科 Passeridae					
229.山麻雀 *Passer cinnamomeus*		R	LC	LC	O
230.麻雀 *Passer montanus*		R	LC	LC	广布
（六十一）鹡鸰科 Motacillidae					
231.山鹡鸰 *Dendronanthus indicus*		S	LC	LC	Pa
232.白鹡鸰 *Motacilla alba*		R	LC	LC	Pa
233.黄鹡鸰 *Motacilla tschutschensis*		P	LC	LC	Pa

续表

目、科、种	保护级别	居留类型	《中国生物多样性红色名录》	《IUCN红色名录》	地理区系
234. 灰鹡鸰 *Motacilla cinerea*		R	LC	LC	Pa
235. 田鹨 *Anthus richardi*		W	LC	LC	Pa
236. 树鹨 *Anthus hodgsoni*		W	LC	LC	Pa
237. 水鹨 *Anthus spinoletta*		W	LC	LC	Pa
238. 黄腹鹨 *Anthus rubescens*		W	LC	LC	Pa
(六十二)燕雀科 Fringillidae					
239. 燕雀 *Fringilla montifringilla*		W	LC	LC	Pa
240. 黄雀 *Spinus spinus*		W	LC	LC	Pa
241. 金翅雀 *Chloris sinica*		R	LC	LC	广布
242. 锡嘴雀 *Coccothraustes coccothraustes*		W	LC	LC	Pa
243. 黑尾蜡嘴雀 *Eophona migratoria*		W	LC	LC	Pa
244. 黑头蜡嘴雀 *Eophona personata*		W	NT	LC	Pa
(六十三)鹀科 Emberizidae					
245. 凤头鹀 *Melophus lathami*		R	LC	LC	O
246. 蓝鹀 *Emberiza siemsseni*	国家二级	W	LC	LC	O
247. 三道眉草鹀 *Emberiza cioides*		R	LC	LC	Pa
248. 白眉鹀 *Emberiza tristrami*		P	NT	LC	Pa
249. 栗耳鹀 *Emberiza fucata*		P	LC	LC	Pa
250. 小鹀 *Emberiza pusilla*		W	LC	LC	Pa
251. 黄眉鹀 *Emberiza chrysophrys*		W	LC	LC	Pa
252. 田鹀 *Emberiza rustica*		W	LC	VU	Pa
253. 黄喉鹀 *Emberiza elegans*		W	LC	LC	Pa
254. 栗鹀 *Emberiza rutila*		P	LC	LC	Pa
255. 灰头鹀 *Emberiza spodocephala*		W	LC	LC	Pa
256. 苇鹀 *Emberiza pallasi*		W	LC	LC	Pa

注:①《中国生物多样性红色名录》和《IUCN 红色名录》中,"CR"表示极危;"EN"濒危;"VU"表示易危;"NT"表示近危;"LC"表示无危;"DD"表示数据缺乏。

②地理分布中,"O"表示东洋界分布;"Pa"表示古北界分布;"广布"表示东洋界和古北界分布。

③居留类型中,"R"表示留鸟;"S"表示夏候鸟;"W"表示冬候鸟;"P"表示旅鸟。

附录 3 爬行纲 REPTILIA(48 种,分属 3 目 16 科 40 属)

目、科、种	保护级别	中国特有种	《中国生物多样性红色名录》	《IUCN红色名录》	地理区系
一、鳄形目 Crocodylia					
(一)鼍科 Alligatoridae					
1. 扬子鳄 *Alligator sinensis*	国家一级	√	CR	CR	C
二、龟鳖目 TESUDINES					
(二)鳖科 Trionychidae					
2. 中华鳖 *Pelodiscus sinensis*			EN	VU	广布
(三)平胸龟科 Platysternidae					
3. 平胸龟 *Platysternon megacephalum*	国家二级		CR	EN	S/C
(四)地龟科 Geoemydidae					
4. 乌龟 *Mauremys reevesii*	国家二级		EN	EN	广布
5. 黄缘闭壳龟 *Cuora flavomarginata*	国家二级		CR	EN	S/C
三、有鳞目 SQUAMATA					
(五)壁虎科 Gekkonidae					
6. 铅山壁虎 *Gekko hokouensis*	省一般	√	LC	LC	S/C
7. 多疣壁虎 *Gekko japonicus*	省一般		LC	LC	S/C
(六)石龙子科 Scincidae					
8. 铜蜓蜥 *Sphenomorphus indicus*	省一般		LC		O
9. 中国石龙子 *Plestiodon chinensis*	省一般		LC	LC	S/C
10. 蓝尾石龙子 *Plestiodon elegans*	省一般		LC	LC	S/C
11. 宁波滑蜥 *Scincella modesta*	省重点	√	LC	LC	C
(七)蜥蜴科 Lacertidae					
12. 北草蜥 *Takydromus septentrionalis*	省一般	√	LC	LC	O
(八)蛇蜥科 Anguidae					
13. 脆蛇蜥 *Dopasia harti*	国家二级		EN	LC	O
(九)钝头蛇科 Pareatidae					
14. 中国钝头蛇 *Pareas chinensis*	省一般	√	LC	LC	O
(十)蝰科 Viperidae					
15. 原矛头蝮 *Protobothrops mucrosquamatus*	省一般		LC	LC	O
16. 尖吻蝮 *Deinagkistrodon acutus*	省重点	√	EN		S/C
17. 台湾烙铁头蛇 *Ovophis makazayazaya*	省一般		NT	IUCN	O
18. 福建竹叶青蛇 *Viridovipera stejnegeri*	省一般		LC	LC	O
19. 短尾蝮 *Gloydius brevicaudus*	省一般		NT		广布
(十一)水蛇科 Homalopsidae					
20. 中国水蛇 *Myrrophis chinensis*			VU	LC	S/C
21. 铅色水蛇 *Hypsiscopus plumbea*			VU	LC	S/C
(十二)眼镜蛇科 Elapidae					
22. 银环蛇 *Bungarus multicinctus*	省一般		EN	LC	O

续表

目、科、种	保护级别	中国特有种	《中国生物多样性红色名录》	《IUCN红色名录》	地理区系
23.舟山眼镜蛇 Naja atra	省重点		VU	VU	S/C
24.中华珊瑚蛇 Sinomicrurus macclellandi	省一般		VU	LC	O
（十三）游蛇科 Colubridae					
25.绞花林蛇 Boiga kraepelini	省一般	√	LC	LC	O
26.中国小头蛇 Oligodon chinensis	省一般		LC	LC	S/C
27.饰纹小头蛇 Oligodon ornatus	省一般	√	NT	LC	O
28.翠青蛇 Cyclophiops major	省一般		LC	LC	O
29.乌梢蛇 Ptyas dhumnades	省一般	√	VU		O
30.灰腹绿锦蛇 Gonyosoma frenatum	省一般		LC		SW/C
31.黄链蛇 Lycodon flavozonatus	省一般		LC	LC	O
32.黑背白环蛇 Lycodon ruhstrati	省一般		LC	LC	O
33.赤链蛇 Lycodon rufozonatus	省一般		LC	LC	广布
34.玉斑锦蛇 Euprepiophis mandarinus	省重点		VU	LC	广布
35.双斑锦蛇 Elaphe bimaculata	省一般	√	LC	LC	C
36.王锦蛇 Elaphe carinata	省重点		EN	LC	广布
37.黑眉锦蛇 Elaphe taeniura	省重点		EN	LC	广布
38.红纹滞卵蛇 Oocatochus rufodorsatus	省一般		LC	LC	广布
（十四）两头蛇科 Calamariidae					
39.钝尾两头蛇 Calamaria septentrionalis	省一般		LC	LC	O
（十五）水游蛇科 Natricidae					
40.草腹链蛇 Amphiesma stolatum	省一般		LC		S/C
41.链腹链蛇 Hebius craspedogaster	省一般	√	LC	LC	O
42.颈棱蛇 Pseudoagkistrodon rudis	省一般	√	LC	LC	O
43.虎斑颈槽蛇 Rhabdophis tigrinus	省一般		LC		广布
44.黄斑渔游蛇 Xenochrophis flavipunctatus			LC	LC	O
45.山溪后棱蛇 Opisthotropis latouchii	省一般	√	LC	LC	S/C
46.赤链华游蛇 Trimerodytes annularis			VU		S/C
47.乌华游蛇 Trimerodytes percarinatus			VU	LC	O
（十六）剑蛇科 Sibynophiidae					
48.黑头剑蛇 Sibynophis chinensis	省一般		LC	LC	O

注：①《中国生物多样性红色名录》和《IUCN红色名录》中，"CR"表示极危；"EN"濒危；"VU"表示易危；"NT"表示近危；"LC"表示无危；"DD"表示数据缺乏。

②地理分布中，"O"表示东洋界华中华南西南区分布；"C"表示东洋界华中区分布；"S/C"表示东洋界华中区和华南区分布；"SW/C"表示东洋界华中区和西南区分布；"广布"表示东洋界和古北界分布。

附录 4　两栖纲 AMPHIBIA(27 种,分属 2 目 9 科 19 属)

目、科、种	保护级别	中国特有种	《中国生物多样性红色名录》	《IUCN红色名录》	地理分布
一、有尾目 CAUDATA					
（一）小鲵科 Hynobiidae					
1.安吉小鲵 *Hynobius amjiensis*	国家一级	√	CR	CR	C
（二）蝾螈科 Salamandridae					
2.东方蝾螈 *Cynops orientalis*	省重点	√	NT	LC	C
3.秉志肥螈 *Pachytriton granulosus*	省重点	√	DD		C
4.中国瘰螈 *Paramesotriton chinensis*	国家二级	√	NT	LC	S/C
二、无尾目 ANURA					
（三）角蟾科 Megophryidae					
5.淡肩角蟾 *Megophrys boettgeri*	省一般	√	LC	LC	S/C
（四）蟾蜍科 Bufonidae					
6.中华蟾蜍 *Bufo gargarizans*	省一般		LC	LC	广布
（五）雨蛙科 Hylidae					
7.中国雨蛙 *Hyla chinensis*	省重点		LC	LC	O
8.三港雨蛙 *Hyla sanchiangensis*	省重点	√	LC	LC	S/C
（六）姬蛙科 Microhylidae					
9.饰纹姬蛙 *Microhyla fissipes*	省一般		LC	LC	O
10.小弧斑姬蛙 *Microhyla heymonsi*	省一般		LC	LC	O
（七）叉舌蛙科 Dicroglossidae					
11.泽陆蛙 *Fejervarya multistriata*	省一般		LC	LC	广布
12.九龙棘蛙 *Quasipaa jiulongensis*	省重点	√	VU	VU	C
13.棘胸蛙 *Quasipaa spinosa*	省重点	√	VU	VU	S/C
（八）蛙科 Ranidae					
14.武夷湍蛙 *Amolops wuyiensis*	省一般	√	LC	VU	C
15.天台粗皮蛙 *Glandirana tientaiensis*	省重点	√	NT	NT	C
16.弹琴蛙 *Nidirana adenopleura*	省一般	√	LC		O
17.阔褶水蛙 *Hylarana latouchii*	省一般	√	LC	LC	S/C
18.小竹叶蛙 *Odorrana exiliversabilis*	未收录	√	NT	LC	C
19.大绿臭蛙 *Odorrana graminea*	省重点		LC	DD	S/C
20.天目臭蛙 *Odorrana tianmuii*	省重点	√	LC		C
21.凹耳臭蛙 *Odorrana tormota*	省重点	√	VU	VU	C
22.黑斑侧褶蛙 *Pelophylax nigromaculatus*	省一般		NT	LC	广布
23.金线侧褶蛙 *Pelophylax plancyi*	省一般	√	LC	NT	广布

续表

目、科、种	保护级别	中国特有种	《中国生物多样性红色名录》	《IUCN红色名录》	地理分布
24.镇海林蛙 *Rana zhenhaiensis*	省一般	√	LC	LC	C
(九)树蛙科 Rhacophoridae					
25.斑腿泛树蛙 *Polypedates megacephalus*	省重点		LC	LC	S/C
26.布氏泛树蛙 *Polypedates braueri*			LC	DD	S/C
27.大树蛙 *Zhangixalus dennysi*	省重点		LC	LC	S/C

注：①《中国生物多样性红色名录》和《IUCN红色名录》中，"CR"表示极危；"EN"濒危；"VU"表示易危；"NT"表示近危；"LC"表示无危；"DD"表示数据缺乏。

②地理分布中，"O"表示东洋界华中华南西南区分布；"C"表示东洋界华中区分布；"S/C"表示东洋界华中区和华南区分布；"广布"表示东洋界和古北界分布。

附录 5   鱼纲 PISCES(土著鱼类 74 种,分属 7 目 17 科 51 属)

目、科、种	保护级别	中国特有种	《中国生物多样性红色名录》	《IUCN红色名录》
一、鳗鲡目 ANGUILLIFORMES				
（一）鳗鲡科 Anguillidae				
1. 鳗鲡 *Anguilla japonica*			EN	EN
二、鲱形目 CLUPEIFORMES				
（二）鳀科 Engraulidae				
2. 刀鲚 *Coilia nasus*			LC	
三、鲤形目 CYPRINIFORMES				
（三）鲤科 Cyprinidae				
3. 中华细鲫 *Aphyocypris chinensis*			LC	LC
4. 马口鱼 *Opsariichthys bidens*			LC	LC
5. 长鳍马口鱼 *Opsariichthys evolans*			LC	
6. 宽鳍鱲 *Zacco platypus*			LC	
7. 草鱼 *Ctenopharyngodon idella*			LC	
8. 青鱼 *Mylopharyngodon piceus*			LC	DD
9. 尖头大吻鳄 *Rhynchocypris oxycephalus*			LC	
10. 赤眼鳟 *Squaliobarbus curriculus*			LC	DD
11. 达氏鲌 *Culter dabryi*			LC	LC
12. 红鳍鲌 *Culter erythropterus*			LC	LC
13. 蒙古鲌 *Culter mongolicus*			LC	LC
14. 翘嘴鲌 *Culter alburnus*			LC	
15. 贝氏䱗 *Hemiculter bleekeri*			LC	
16. 䱗 *Hemiculter leucisculus*			LC	LC
17. 鲂 *Megalobrama mantschuricus*			LC	
18. 鳊 *Parabramis pekinensis*			LC	
19. 海南拟䱗 *Pseudohemiculter hainanensis*			LC	LC
20. 圆吻鲴 *Distoechodon tumirostris*			LC	LC
21. 似鳊 *Pseudobrama simoni*		√	LC	
22. 银鲴 *Xenocypris macrolepis*			LC	LC
23. 黄尾鲴 *Xenocypris davidi*			LC	
24. 细鳞鲴 *Plagiognathops microlepis*			LC	IUCN
25. 鳙 *Hypophthalmichthys nobilis*			LC	DD
26. 鲢 *Hypophthalmichthys molitrix*			LC	NT
27. 兴凯鱊 *Acheilognathus chankaensis*			LC	
28. 缺须鱊 *Acheilognathus imberbis*		√	LC	
29. 大鳍鱊 *Acheilognathus macropterus*			LC	DD
30. 斜方鱊 *Acheilognathus rhombeus*			LC	
31. 方氏鳑鲏 *Rhodeus fangi*			LC	DD

目、科、种	保护级别	中国特有种	《中国生物多样性红色名录》	《IUCN红色名录》
32.高体鳑鲏 *Rhodeus ocellatus*			LC	LC
33.中华鳑鲏 *Rhodeus sinensis*			LC	LC
34.齐氏田中鳑鲏 *Tanakia chii*		√	LC	
35.棒花鱼 *Abbottina rivularis*			LC	
36.似鳎 *Belligobio nummifer*		√	LC	
37.细纹颌须鮈 *Gnathopogon taeniellus*		√	LC	DD
38.花鳕 *Hemibarbus maculatus*			LC	
39.唇鳕 *Hemibarbus labeo*			LC	
40.胡鮈 *Huigobio chenhsienensis*		√	LC	LC
41.麦穗鱼 *Pseudorasbora parva*			LC	LC
42.黑鳍鳈 *Sarcocheilichthys nigripinnis*			LC	
43.小鳈 *Sarcocheilichthys parvus*			LC	LC
44.华鳈 *Sarcocheilichthys sinensis*			LC	LC
45.蛇鮈 *Saurogobio dabryi*			LC	
46.银鮈 *Squalidus argentatus*			LC	DD
47.点纹银鮈 *Squalidus wolterstorffi*		√	LC	LC
48.鲫 *Carassius auratus*			LC	LC
49.鲤 *Cyprinus carpio*			LC	VU
50.光唇鱼 *Acrossocheilus fasciatus*		√	LC	
(四)花鳅科 Cobitidae				
51.中华花鳅 *Cobitis sinensis*			LC	LC
52.短鳍花鳅 *Cobitis brevipinna*		√		
53.泥鳅 *Misgurnus anguillicaudatus*			LC	LC
54.大鳞副泥鳅 *Paramisgurnus dabryanus*			LC	
(五)爬鳅科 Balitoridae				
55.浙江原缨口鳅 *Vanmanenia stenosoma*		√	DD	
四、鲇形目 SILURIFORMES				
(六)钝头鮠科 Amblycipitidae				
56.鳗尾鮡 *Liobagrus anguillicauda*		√	DD	
(七)鲇科 Siluridae				
57.鲇 *Silurus asotus*			LC	LC
58.大口鲇 *Silurus meridionalis*		√	LC	LC
(八)鲿科 Bagridae				
59.黄颡鱼 *Pseudobagrus fulvidraco*			LC	
60.盎堂拟鲿 *Pseudobagrus ondon*		√	DD	LC
61.切尾拟鲿 *Pseudobagrus truncatus*		√	DD	
五、鲈形目 PERCIFORMES				
(九)鮨鲈科 Pecichthyidae				LC
62.翘嘴鳜 *Siniperca chuatsi*				

续表

目、科、种	保护级别	中国特有种	《中国生物多样性红色名录》	《IUCN红色名录》
(十)沙塘鳢科 Odontobutidae				
63. 小黄黝鱼 Micropercops swinhonis			LC	LC
64. 河川沙塘鳢 Odontobutis potamophila		√	LC	
(十一)虾虎鱼科 Gobiidae				
65. 真吻虾虎鱼 Rhinogobius similis			LC	LC
66. 雀斑吻虾虎鱼 Rhinogobius lentiginis		√	LC	
67. 波氏吻虾虎鱼 Rhinogobius cliffordpopei			LC	
68. 密点吻虾虎鱼 Rhinogobius multimaculatus		√	DD	
(十二)斗鱼科 Osphronemidae				
69. 圆尾斗鱼 Macropodus ocellatus			LC	
(十三)鳢科 Channidae				
70. 乌鳢 Channa argus			LC	
六、颌针鱼目 BELONIFORMES				
(十四)大颌鳉科 Adrianichthyidae				
71. 青鳉 Oryzias latipes			LC	LC
(十五)鱵科 Hemiramphidae				
72. 间下鱵 Hyporhamphus intermedius			LC	
七、合鳃鱼目 SYNBRANCHIFORMES				
(十六)合鳃鱼科 Synbranchidae				
73. 黄鳝 Monopterus albus			LC	LC
(十七)刺鳅科 Mastacembelidae				
74. 中华光盖刺鳅 Sinobdella sinensis		√	DD	LC

注:《中国生物多样性红色名录》和《IUCN 红色名录》中,"CR"表示极危;"EN"濒危;"VU"表示易危;"NT"表示近危;"LC"表示无危;"DD"表示数据缺乏。

附录 6　安吉县引入鱼类（8 种，分属 4 目 5 科）

引入	中文名		拉丁名	备注
境内引入种	鲤形目	鲤科	1. 团头鲂 *Megalobrama amblycephala*	
	鲤形目	鲤科	2. 银鲫 *Carassius gibelio*	
	鲤形目	胭脂鱼科	3. 胭脂鱼 *Myxocyprinus asiaticus*	野生种群为国家二级重点保护野生动物
境外引入种	鲤形目	鲤科	4. 印鲮 *Cirrhinus mrigala*	
	鲇形目	北美鲶科	5. 云斑鮰 *Ameiurus nebulosus*	
	鲈形目	太阳鱼科	6. 大口黑鲈 *Micropterus salmoides*	
	鲈形目	太阳鱼科	7. 蓝鳃太阳鱼 *Lepomis macrochirus*	
	鳉形目	胎鳉科	8. 食蚊鱼 *Gambusia affinis*	